U0926204

忠诚是无条件的
执行是不能打折扣的

赢在忠诚 胜在执行

靠忠诚提升团队执行力

和力 ● 著

★没有忠诚，你就无法在职场立足

★没有执行，你就无法脱颖而出

中华工商联合出版社

图书在版编目（CIP）数据

赢在忠诚　胜在执行 / 和力著. -- 北京 : 中华工商联合出版社，2018. 3

ISBN 978 - 7 - 5158 - 2203 - 7

Ⅰ. ①赢…　Ⅱ. ①和…　Ⅲ. ①成功心理 - 通俗读物
Ⅳ. ①B848. 4 - 49

中国版本图书馆 CIP 数据核字（2018）第 025063 号

赢在忠诚　胜在执行

作　　者：和　力
责任编辑：吕　莺　董　婧
封面设计：信宏博 · 张红运
责任审读：李　征
责任印制：迈致红
出版发行：中华工商联合出版社有限责任公司
印　　刷：河北鸿祥信彩印刷有限公司
版　　次：2018 年 5 月第 1 版
印　　次：2018 年 5 月第 1 次印刷
开　　本：710mm × 1000mm　1/16
字　　数：215 千字
印　　张：14
书　　号：ISBN 978 - 7 - 5158 - 2203 - 7
定　　价：39. 90 元

服务热线：010 - 58301130
销售热线：010 - 58302813
地址邮编：北京市西城区西环广场 A 座
19 - 20 层，100044
http：//www. chgslcbs. cn
E-mail：cicap1202@ sina. com（营销中心）
E-mail：gslzbs@ sina. com（总编室）

目录

上篇　赢在忠诚

下篇　胜在执行

上篇

赢在忠诚

第一章 忠诚是从业之根本

忠诚的人，不管能力如何，领导都会委以重任。忠诚的人无论身处何种岗位，都会尽心尽力做好自己的事，面对诱惑不会动摇。忠诚的人诚实可靠，敢于负责，敢于担当。

忠诚是至高的美德

士兵忠诚于统帅，员工忠诚于自己的公司和职业，这是天经地义的事。维珍集团董事长理查德·布兰森爵士曾说过："就各个层面而言，忠诚都是至关重要的。对公司忠诚的员工都够创造出忠诚的客户，而后者又能吸引更多的投资者。这说明忠诚精神的贯彻和忠诚关系的建立是使现代企业真正有效运转的关键所在。"

有一家原本生意不错的旅行社，后来一段时间，被竞争对手抢去了大部分的业务。旅游旺季到来的时候，以往的客户居然一个都没有来，这家旅行社陷入了前所未有的危机之中。

领导觉得很对不起公司员工，于是说："现在公司的资金周转出现了困难，如果有人想辞职，我会立刻批准。若是以往我会挽留，但如今我已经没有理由挽留大家了。给你们发 2 个月的薪水，在你们找到新的工作之前，这些钱可能还够用。"

“领导，我不走，我不能在这个时候离开。”一个员工说。

“领导，我也不走，我们一定会战胜困难的。”另一个员工说。

“是的，我们不会走的。”很多员工都这样说。

结果，这家旅行社并没有倒闭，自己多次找原因，最后反而比以前做得更好了。

领导后来说：“这要感谢我的员工，在我最危难的时刻，是他们的忠诚帮助公司战胜了困难，也救了我。”

的确，是忠诚拯救了这家旅行社。

朗讯公司 CEO 鲁索说：“我相信忠诚的价值，对企业的忠诚是对家庭忠诚的延续。我从柯达重回朗讯，承担拯救朗讯的重任，这是我对企业的一份忠诚。因此，我一直把唤起员工对企业的忠诚作为自己努力的目标。”看看，只有忠诚才具有这样的号召力。

没有一个领导不喜欢忠诚的下属，没有一个将军不喜欢服从的士兵。上级无时无刻不在考察下属中谁是忠诚的，谁是可靠的。在一项对世界 500 强企业的总裁做的调查中，当被问到“您认为员工最应具备的品质是什么”时，这些巨头们无一例外地选择了两个字：忠诚。

忠诚是最值得重视和提倡的职业道德。可以说铁打的军队是靠忠诚的士兵造就的，企业的发展和壮大也是靠员工的忠诚来实现的。如果士兵不忠诚，军队就会一战即溃；如果员工对公司不忠诚，公司距离破产也就不远了，而员工们也将面临失业。

一位女士加入了沃尔玛公司的“利润分享计划”，她叫琼·凯丽，是沃尔玛总部员工，负责处理货物索赔事项。她从20岁起就开始在沃尔玛第25号分店工作，可以说是沃尔玛的老员工。她的家人曾经试图说服她辞去现任工作，因为他们认为她在其他地方能拿到更高的薪水。然而琼却选择留在沃尔玛，并最终成了“利润分享计划”的一员。

到1991年，她通过该计划获得的收益达到了50万美元，这正是琼对公司的忠心耿耿带来的回报。

我们从琼的故事中可以总结出一个朴素的道理：员工应当忠于自己的公司，这不仅符合公司的利益，也符合员工自己的利益。

忠诚对员工来说，能带来安全感和归属感；对企业而言，员工的忠诚能增强企业凝聚力，提升市场竞争力；对士兵而言，忠诚能提升战斗力，能让军队百炼成钢。

所以，一个人无论在社会中扮演怎样的角色，都应该具备忠诚的品质。一位成功学家说："如果你是忠诚的，你就是成功的。"可见忠诚是通向成功之路的通行证。

忠诚不仅能让一个人获得更多的成功机会，更重要的是，它是一种弥足珍贵的美德。无论任何时候，美德都是不会贬值的。所以，如果你渴望成功，就要坚守忠诚的美德，让它成为你的为人处世准则，并在此基础上逐步培养正确的道德观，养成真正的好品格。这样，总有一天你会得到理想的回报。

小语

忠诚不仅会让一个人获得更多的成功机会，更重要的是，它是一种弥足珍贵的美德。如果你渴望成功，就要坚守忠诚的美德。

忠诚是立身之本

工作是个人幸福的源泉，工作不仅能保障人的衣食住行，还能带给人成功的喜悦和创造社会价值的自豪，所以我们要忠于自己的工作，忠诚地服务公司、服务社会。

办事员晓竹在谈到她被破例派往国外公司随同上司考察时说："我和上司虽然同样都是研究生毕业，但我们的待遇并不相同，他位高一级，薪金高出很多。但我没有因为待遇不如人就心生不满，仍是认真做事，并且始终忠于公司、忠于自己的岗位。当许多人抱着多做多错、少做少错、不做不错的心态时，我尽心尽力做好我手中的每一项工作。我甚至会积极主动地找事做，了解上司有什么需要协助的地方，事先帮上司做好准备。因为在我去公司报到之前，父亲就告诫我三句话：'如果遇到一位好领导，要忠心为他工作；如果第一份工作就有很好的薪水，那是你的运气好，要感恩惜福；万一薪水不理想，就要懂得跟在上司身边学本事。’我将这三句话深深地记在心里，并始终秉持这个原则做事。即使起初位居他人之下，我也没有计较。因为员工的努力，上司是会看在眼里的。后来在公司挑选出国考察人员时，我是入选者中唯一一个资历浅、级别低的办事员。这在公司里是极为少见的，上司后来说，是我的忠诚让公司信任我、提拔我。”

的确，不管做什么工作，都要树立忠诚的心态，不去计较一时的待遇得失。人只有忠于职守，对待工作全心全意、全力以赴，机会才会降临。忠诚是无条件的，是不能讨价还价的，忠诚的心态是成功的基石。

忠诚的人首先要全身心投入自己的工作，保证完成任务并且注重提高效率。同时，还要为公司的整体发展着想。

忠诚的人能做到一切从大局出发。当受到不公平对待时，他们会认为这只是暂时的，时间会证明一切。当公司的某些制度与自己的基本利益发生冲突时，他们会正确理解这一切，会相信领导，甚至在公司面临暂时的经济困难时，也会想办法帮助公司度过难关。

忠诚的人懂得感恩，认为感恩是回报他人的最好方式，也是创造和谐关系的必要条件。

忠诚的人有团结精神，不搞“小团伙”、“小圈子”，成功时不会忘了身边的人对自己的帮助，失败时也不会把责任推给他人。他们尊重上司、礼待同事，拥有良好的人际关系。他们不仅能得到周围人们的信任和支持，还能给公司带来强大的凝聚力。

一位将军说：“在我的用人之道中，有一个很重要的标准就是忠诚。当我们争论一个问题时，‘忠诚’意味着你把自己的真实想法告诉我，不管你认为我是否会认同它，是否意见不一致，在这一点上，争论让我感到兴奋。但是，一旦做出了决定，争论终止，从那一刻起，忠诚就意味着必须按照决定去执行，就像执行你自己做出的决定一样。”

人最憎恶的就是背叛，所以做人应该忠诚，忠诚是对自己所坚守的信念的忠实和虔诚。忠诚是一种责任、一种义务、一种操守，忠诚是一种至为高贵的品格，是一个人的立身之本。只有忠诚的人才能取得事业和人生的成功，而缺乏忠诚精神是对品行和操守的最大亵渎，这样的人不可能得到他人的信任，也很难在社会上立足。

每个人都应该要忠心耿耿地工作，这样事业才会步步高升，成功才会水到渠成。

小语

只有忠于职守，对待工作全心全意、全力以赴，机会才会降临。忠诚是无条件的，是不能讨价还价的，忠诚的心态是成功的基石。

忠诚是一种强大的能量

忠诚是一种道德品质，更是一种信仰。做一名忠诚的人，也就拥有了强大的正能量。忠诚是军人的本色，解放军正是对祖国忠诚、对人民忠诚、对部队忠诚，才赢得了钢铁之师的美誉。忠诚是强军的力量之源，是部队保证强大战斗力的最重要武器。而在职场上，员工对于企业同样需要忠诚。

有一家公司的老板每年都会给自己的员工进行忠诚度测评。在他看来，员工的忠诚度与企业发展息息相关。他认为忠诚是一个员工对公司所表现出来的行为指向和内心归属，忠诚度既是一个量化概念，又是一项行动准则。员工的忠诚度越高，凝聚力就越强，公司也就越稳定。

任何企业的老板都喜欢忠诚度高的员工，因为忠诚意味着诚实守信、服从命令。所有的老板也都认为：忠诚的员工最可靠！

如今，激烈的人才竞争使每个人在职场上发挥本领的空间有限，但无论如何，忠诚最重要。许多刚走上工作岗位的年轻人缺乏忠诚意识，他们总认为：自己与老板的关系仅仅是一种雇主与雇员的交易关系。带着这样的想法进入职场，他们就很难以忠诚的态度对待工作。

某公司职员小曹，五年内跳了“九次槽”，对此他是这样解释的：“工作就是为了赚钱，如果有报酬更高的工作，为什么不跳槽呢?”小曹认为，工作的目的就是赚钱，为了赚钱选择条件更好的公司是合情合理的。然而，跳过“九次槽”之后，小曹对现在的公司依旧不满意。他发牢骚说：“老板不仅抠门，而且管理太过严厉！俨然一副旧社会剥削阶级的形象!”小曹表示，如果今后还有合适的机会，他还会跳“第十次槽”，甚至“第十一次”、“十二次”。

几年后，小曹再一次选择辞职，他拿着简历来到另一家公司。公司的人力总监看到小曹的简历后非常惊讶，于是问他：“看了你的简历，我发现了一个问题。七年中你换了十个工作，平均半年就要更换一次，难道这些公司中没有一个令你满意的吗?”

小曹支支吾吾解释说："因为这些公司的实际状况与我的理想差距太大，也可能是我自己无法满足他们的要求。"

"恕我直言，我们公司是一个平台，而不是一块跳板!"公司的人力总监拒绝了阅历丰富、颇有能力的小曹，这让小曹十分尴尬。

与小曹不同，他的同学小赵从未换过工作，在第一家公司已经工作了七年。七年里，小赵由业务员晋升为大区域经理，又由大区域经理晋升为华东区销售总监……如今他年薪四十万，早已经超过屡屡跳槽的小曹的薪水。

从上述事例中我们可以看出，一个人如果忠于自己的公司，必然也会得到公司的回报！因此，忠诚并不是单方面的，而是相互的。从另一方面看，忠诚不仅仅是一种信任，更是一份责任，一种对待人生的态度。

王丽娜在一个小公司工作了很多年。后来公司经营遇到困难，王丽娜身边的人都劝她："公司都快破产了，工资不能正常发放，混一天是一天，何必还那么拼命?"

王丽娜解释说："因为老板信任我!"

王丽娜觉得信任是前提，既然还在这个公司工作，就要认认真真把工作做好，除非公司关门破产。当然王丽娜的忠诚也打动了那位身处困境的老板，老板向王丽娜承诺："只要公司能坚持下去，一旦好转，我一定会重用你。"

半年后，王丽娜的公司并没有从泥潭中挣脱出来，经营状况越来越窘迫。原本拥有三百多人的公司，最后只剩下了几十名员工。但这时的王丽娜仍拒绝了其他几家公司的高薪聘任，而是选择与老板共度难关。

没想到奇迹发生了，半年后这家公司不但接到了大量订单，还成为了当地外贸行业的龙头企业。王丽娜不仅当上了公司的销售总监，而且得到了公司5%的股份，成了这家公司的股东。王丽娜对公司的忠诚成了她升迁、被重视的重要的资本，也为她带来了丰厚的回报。

那么，如何做到忠诚呢？

(1)忠诚于自己

忠于自己，是忠诚的本质和灵魂。一个人应当拥有明确的、不会随意改变的世界观和价值观，而职业选择是其中的一项重要内容。一个人选择了职场中的某一种职业，就意味着选择了自己未来的发展方向。一旦确认方向，就不要轻易改变。人应当忠于自己的选择，而不是经常否定自己的计划。

成功者往往具备坚定的立场和信念，因此，忠于自己也是很重要的。

(2)忠诚于工作

大多数成功者都忠诚于自己的工作，因为没有忠诚，他们也不会取得重大成就。许多企业高管都有在同一家公司长期工作的经历，只有这样的经历才会为他们带来高度的影响力。一个人只有忠于自己的工作，才会认真完成自己的工作，并在此基础上有所创新和突破。

忠诚是一个人在职场上的“通行证”，没有忠诚精神的人，得不到公司乃至社会的认可。

(3)忠诚于上司

老板都喜欢“听指挥”的下属，因为如果自己的下属经常

“背叛”自己，自己怎么才能指挥好下属工作呢。一个员工最应该具备的基本素质就是服从和忠诚。

服从和忠诚是息息相关的，从某种意义上讲服从就是一种忠诚，而忠诚的重要表现就是服从。所以，职场员工服从上司的管理，忠于自己的公司，把公司的任务当成自己的使命，把维护上司的利益当作自己的责任，就做到了真正的忠诚。

忠诚的人能赢得他人的尊重和信任，忠诚是一种“可持续发展”的资本，会使人受益终生。

小语

忠诚是一种道德品质，更是一种信仰。做一名忠诚的人，也就拥有了强大的正能量。

敬业是忠诚的首要表现

敬业是人的使命所在，是一种宝贵的精神财富。

从军队的角度来说，士兵的职责是保家卫国，因此，艰苦训练、吃苦耐劳、牺牲奉献、服从命令的作风是造就合格军人的保证。从企业的角度来说，任何一家想在竞争中取胜的公司都要求每个员工必须敬业，因为不敬业的员工无法给客户提供高质量的服务，无法生产出高质量的产品。

敬业就是重视自己的工作，将工作当成自己的事，当成天职。敬业的内涵非常丰富，包括忠于职守、尽职尽责、认真负责、一丝不苟、善始善终等品质，还有对待工作的使命感和责任感。敬业精神是忠诚最基本的表现，也是成就个人事业的重要条件。

然而，无论从事什么行业，无论到什么地方，我们总是能发现一些投机取巧、逃避责任和寻找借口的人，他们对所从事的职业缺乏神圣的使命感，对敬业精神缺乏真正的理解，他们将自己和公司对立起来，认为敬业就是牺牲自己的利益。其实，员工敬业表面上看起来是有益于公司、有益于老板，但最终的受益者还是员工个人。

因为当我们将敬业变成一种习惯时，我们就能从工作中学到更多的知识，积累更多的经验，就能从全身心投入工作的过程中找到快乐。这种敬业习惯或许不会有立竿见影的效果，但可以肯定的是，当不敬业成为一种习惯时，其危害是显而易见的，比如工作上投机取巧也许给你的公司、你的老板带来的只是一点点经济损失，但毁掉的却是你的一生。

一个视职业为生命的人也许在职场上并不能一帆风顺，但只要坚持不懈地努力，久而久之，总能做出成就、取得成功；而那些投机取巧之人即使利用某种手段爬到高位，也只是一时侥幸，最终会遭遇失败。这些人“不劳而获”的行为也许能得到一时的利益，但付出的却是最沉重的代价——名誉的败坏。

因此，不论你的工资多么低，不论你的领导多么不器重你，也许你只是个基层员工，但只要你能敬业、忠于职守，毫不吝惜地投入自己的精力和热情，渐渐地你就会为自己的工作成就感到骄傲和自豪，也会赢得同事的尊重，受到领导的重视。如果一个人以主人翁精神和敬业的心态去对待工作，工作自然而然就会变成很有意义的事情。

珍妮是一家公司新来的秘书，她每天的工作是撰写、整理、打印各类文件材料。在很多人看来，珍妮的工作显得单调而乏味。但珍妮并不这么认为，她觉得自己的工作很有意思，她说："检验工作品质的唯一标准是你敬业不敬业，是否做到了尽职尽责，而不是别的。"

珍妮每天做着这些工作，久而久之，细心的她发现公司的文件管理存在很多的问题，甚至在经营运作上也有不可忽视的问题。

于是，她每天除了完成必做的工作外，还认真搜集相关资料并整理分类，同时研读了很多经营管理方面的书籍，根据书中的知识对搜集来的资料进行认真分析，提出建议。

后来，她把做好的分析结果及有关资料一并交给老板。起初老板并没有在意，后来一次偶然的机会，他读到了珍妮的那份建议。老板非常吃惊：这个年轻的新秘书，居然有这样的头脑和眼光，将公司的问题分析得细致入微、有理有据。从此，老板开始对这位秘书另眼相看，他决定采纳珍妮所提的多条建议，并对她委以重任。但珍妮认为，她只是尽心尽职地做好了本职工作，她所做的一切都是在完成自己的义务，不需要特别的奖赏，因为她已经养成了敬业的习惯。

每个企业或公司的管理者都会为拥有珍妮这样的员工而感到欣慰，而珍妮的敬业也为她赢得了发展的机会。对待敬业，目光短浅的人认为“敬业”是为了领导，目光长远的人则深知养成敬业习惯是为了自己。敬业的人总能在工作中学到比别人更多的经验，而这些经验是一个人迈向成功的阶梯。无论去到哪家公司、从事什么样的工作，敬业精神都是必不可少的。敬业的员工是老板最倚重的员工，能力一般的人凭借敬业精神可以走得更远，而优秀的人在敬业精神的引领下会走向更大的成功。所以说，敬业是每一个职场中人都应该具备的品质。

敬业精神不是与生俱来的，对大多数人而言，敬业精神是需要培养和锻炼的，这种培养和锻炼的起点就是迈入职场的那一刻。从第一份工作开始，你就要做到对工作认真负责，吃苦耐劳，积极主动。如果你能坚持这样严格要求自己，久而久之，敬业便会成为你的自然而然的习惯，即使换到其他岗位上也会一如既往。可见，在职场上，无论从事何种工作，敬业精神都是相通的，它会使一个人终身受益。

当我们将敬业养成一种习惯时，在全心投入工作的过程中就会充满快乐。这种习惯或许在短时间内无法产生一目了然的效果，但可以肯定的是，如果我们缺乏敬业精神，对待工作懒散、懈怠、我们只会一事无成。

小语

当我们将敬业变成一种习惯时，我们就能从工作中学到更多的知识，积累更多的经验，就能从全身心投入工作的过程中找到快乐。这种敬业习惯或许不会有立竿见影的效果，但可以肯定的是，当不敬业成为一种习惯时，其危害是显而易见的，比如工作上投机取巧也许给你的公司、你的上司带来的只是一点点经济损失，但毁掉的却是你的一生。

自律是忠诚的基石

高度自觉、严格自律是忠诚的一种境界，也是一种追求。自律精神对于个人、企业、国家乃至整个人类文明都是至关重要的。一个人如果没有自律精神，在遇到诱惑或困难情况下，就会迷失自我，成为左右摇摆的墙头草，无法做出正确的选择和行动。而由这样的人组成的企业、国家，注定是毫无竞争力、难以生存的。所以，如果每一个人都没有自律精神，整个人类文明就可能遭到动摇。自律的重要性，由此可见一斑。

在工作中，自律表现为以高标准严格要求自己，认真负责，尽心尽力。下面这个案例就是自律精神在工作中的生动体现。

在日内瓦举行的一次国际退役警员协会周年大会上，在英国警界工作了30多年的尼格尔·柏加荣获了“世界上最诚实警察”的称号。

无论是在工作还是在生活中，尼格尔都是一个严于律己的人。

有一次，尼格尔到英格兰风景如画的湖泊区度假，发现自己在驾车经过限速30公里的区域时时速达到了33公里，于是他给自己开了一张违法驾驶传票。

尼格尔后来回忆道："由于当时没有其他警员在场，所以只能由我来写一张传票给自己。"

尼格尔的举动是令人敬佩的，他用实际行动向大家诠释了什么是高度自觉和严格自律。

一个成功的人固然需要别人的监督与提醒，但更重要的是自我的监督也即自律。别人的监督帮助一个人可以发现自己发现不了的问题，而自我监督除了发现问题，更重要的是以自觉行动来解决问题。如果你在工作中能够像尼格尔那样自律并自觉行动，你一定会成为公司中不可替代的员工。

高度自觉、严格自律，是一种境界，也是一种追求。一名优秀的员工不仅要在工作中满怀激情、尽心尽力，还要善于律己、严格遵守规则。

那么，如何培养高度自觉、严格自律的精神呢？我们可以遵循以下几个步骤。

（1）思维的自律

良好的思维习惯是成功的前提。著名剧作家乔治·萧伯纳说：“在一年之中能真正认真思考两到三次的人不多。我之所以能取得现在的成就，就是因为我每周都认真思考一到两次。”如果你始终让大脑保持活跃，经常思考富有挑战性的问题以及需要认真对待的事情，你就能培养起有规律的思维习惯，这对于控制你的个人行为将会很有帮助。

（2）情绪的自律

著名作家奥格·曼狄诺说过：“强者与弱者的唯一区别在于，强者用行为控制情绪，而弱者只会任由情绪主宰自己的行为。”衡量一个人自制力强弱的关键，就在于他能否有效地控制自己的情绪。人只有将情绪管控在合理范围内，才能在此基础上支配自己的行为，实现自律。

（3）行为的自律

富兰克林在《我的自传》中，将“行为规范化”称为帮助自己获取成功的13种美德之一。他认为自己之所以能够取得如此骄人的成就，主要得益于“做事有定时、置物有定位”的良好习惯。我们也应当像富兰克林那样，规范自己行为，养成良好的习惯，一丝不苟地对待工作中的每一个细节。只有落实在实际行动上，才是真正实现了自律。

从现在开始，以高度自觉、严格自律的标准要求自己，你就会一步步走向成功。

小语

高度自觉、严格自律是忠诚的一种境界，也是一种追求。自律精神对于个人、企业、国家乃至整个人类文明都是至关重要的。

忠诚的人勇于自我牺牲

俗话说“吃亏是福”，这句话在职场同样适用。在必要的时候牺牲自己的利益而保全团队或者公司整体的利益，既是一种义务，也是一种明智之举，从长远来看对个人发展也是十分有利的。

小月的团队正在参加一个化妆品品牌夏季推广会的项目招标，她觉得这是她在业内崭露头角的机会，所以她和两个搭档加班加点，牺牲了好几个周末的休息时间。她很努力，对自己的创意也很满意。

就在她通过一次次的努力快要把项目拿到手的时候，老板让她把这个项目交给另一个同事来操作，理由是那个同事与客户的关系更好，拿到这个项目的把握更大一些。老板让小月理解，为了公司利益，需要做出个人牺牲。

眼看自己的劳动成果被同事拿走，自己的美好前景化为泡影，小月心里很委屈。回到家，小月对家人说了这件事，父亲语重心长地对她说：“无论任何时候，集体利益都大于个人利益，该做出牺牲的时候就要做出牺牲。”小月说：“公司考核的标准是个人业绩，总谦让会吃会亏的。”父亲说：“忠诚的人不怕吃亏。”

的确，现代社会的竞争不是个人的单打独斗，而是集体之间的竞争。公司的目标是在竞争中取胜，是取得最大的集体效益。也就是说，公司的首要任务是把“饼”做大，其次才是内部如何“分饼”的问题。职场新人进入公司后，公司会让他扮演一定的角色，如同导演选定主角、配角、路人甲、路人乙等等。一旦“大戏”正式开始，作为“演员”，你就要遵循最起码的职业道德，不能将个人恩怨带到“台前”。要做到顾大局、识轻重，这才是现代公司的团队精神。

为了取得最大化效益，领导需要综合考虑、平衡各方，有时需要采取“舍卒保帅”的策略。甚至在取舍两难的时候，他们也会让一些员工做出牺牲，在这种情况下，员工就需要有谦让的美德，有不怕吃亏的大局思想。就像一场比赛需要队员之间的相互配合，在必要的时候，队员应当牺牲自己的利益成全集体的成功。

在上面的案例中，如果小月不将自己的创意相让，她也有可能拿到项目。但是，这样一来就会破坏她与同事之间的关系，从而影响她日后的工作。表面看来她是在维护自己的利益，但从长远来看，这样的举动可能带来更大的损失。所以，每一个职场中人都应该把自己的眼光放长远，正确看待个人利益与集体利益的关系，在必要的时候勇于自我牺牲。

俗话说“一分耕耘一分收获”，付出之后要求回报是很正常的心理。但是，对职场人士来说，如果过分注重眼前利益，结果有可能适得其反。例如，总是对薪水或奖金斤斤计较，就可能起到反作用，领导会认为你只看重金钱。即使领导满足了你的要求，给你加了薪水或奖金，他也会在心里认为你这个人太功利，不尊重他，从此你在他心里就会留下不好的印象，你的职业发展也会受到影响。因此，即使你认为自己应该得到“更好的”，也不要去“据理力争”，而应让领导主动奖励你。因为即使勉强争到手了，对你也没什么好处，有时还会得不偿失。而如果你的谦让使团队获得了成功，领导肯定会记在心里，同事对你也更加钦佩，这也就意味着你会得到更多的发展机会。所以，我们所说的“牺牲”并不是真正意义上的“牺牲”，只是暂时“吃亏”，从长远来看是有利于个人发展的。适时的“吃亏”会换来适时的回报，“吃亏是福”就是这个道理。

小语

在必要的时候，牺牲自己的利益而保全团队或者公司整体的利益，既是一种义务，也是一种明智之举，从长远来看对个人发展也是十分有利的。

第二章　机会总是留给忠诚的人

企业寻找的不只是有能力的员工，而且是有能力且忠诚的员工；军队寻找的不是纨绔子弟，而是能吃苦、能打硬仗的忠诚士兵。

忠诚的确不能代替工作能力，但忠诚是控制能力发挥的“开关”。员工越是忠诚，就越可以将自己的能力发挥到极致；士兵越是忠诚，军队的战斗力就越强。忠诚的员工更容易升职，忠诚的士兵更容易建功立业。

让领导知道你是最忠诚的

要想在职场中快速升职，让领导看到你的忠诚是最重要的。在日常工作中，除了要认真完成每一项任务，还要摆正自己的位置，以一颗忠诚的心对待工作、对待领导。具体而言，要做到以下几点：

(1)尊重领导

领导不是神，但领导就是领导，即使下属认为自己比领导强，也要视领导为领导。在军队中下级就是下级，一切行动必须听从指挥，不能找任何借口。在企业中，员工也要培养自己的服从精神，坚决执行领导的决定，不找借口。

忠诚与服从是维持一个集体正常运转的必要条件。一个团队中如果缺乏这种精神，上级命令就得不到贯彻施行，规章制度就无法发挥作用，企业也不可能求得生存和发展。

（2）处处维护领导

维护领导应体现在工作中的方方面面，比如支持领导工作，多做少说，坚决拥护和贯彻执行领导的决策和方针。

作为上级，领导对员工的表现和态度是非常敏感的。员工为了实现个人发展，就必须使自己的一切行为符合领导的利益，这是尤其重要的。如果员工在某一行为上损害了领导的利益，比如对领导交代的工作没按时完成，哪怕是一次无意的行为，都会使领导感到员工工作不努力或者能力不够，因而不会给员工升职和加薪的机会。

（3）不要探听领导的"秘密"

如果你偶然发现领导的"秘密"，那么，最好的做法是保持沉默，绝不传播出去。许多人为得知领导的"秘密"，四处打探，认为这样就可以和领导"拉近关系"。殊不知，打探"秘密"是不尊重人的表现之一，这种做法不仅不能拉近你与领导的关系，反而会使领导对你失去信任。

（4）不能将自己“吹捧”得太高

适当地“推销”自己是非常必要的，比如，说说自己经常加班、在工作之余经常学习业务知识等，但绝不能过度“吹捧”自己，尤其不能在领导面前自恃才高，自以为无所不能。这样不仅不能赢得领导的赞赏，还会使领导对你产生怀疑，怀疑你是否有这样的行为和能力。

（5）把忠诚体现在工作实绩中

有些员工总以为只要在口头上表达对领导的忠诚，就能得到领导的认可，其实领导判断员工忠诚度的主要依据还是员工的工作实绩。

当领导称赞员工时，会用“公司没有此人不行”的说法，这实际上是在夸奖员工的工作能力。忠诚的员工不用在领导面前说自己多么忠诚，敬业的态度和踏踏实实的工作能说明一切。任劳任怨地工作、把企业看成自己的家的员工就是忠诚的员工。所以，如果你想得到领导的认可，最重要的还是要做好自己的本职工作，用实实在在的业绩打动领导，让他看到你的忠诚。

小语

任劳任怨地工作、把企业看成自己的家的员工就是忠诚的员工。

频繁跳槽不如踏实工作

在一项对世界著名企业家的调查中，当被问到“您认为员工最应该具备的品质是什么”时，他们无一例外地选择了“忠诚”。

的确，忠诚是一个职场人士的做人之本，忠诚于公司、忠诚于老板，实际上就是忠诚于自己。一个员工只有具备了忠诚的品质，才能赢得公司的信任，取得事业的成功。

员工缺乏忠诚度的一个直接表现就是频繁的跳槽。有些员工积累了一定的工作经验后就一走了之，这样的人怎能得到公司的信任？员工频繁跳槽直接损害的是企业，但从更长远的角度看，对员工个人的伤害更深。因此，无论是对个人资源积累的影响，还是由跳槽所养成的“这山望着那山高”的心态，都会阻碍个人事业的发展。

“此处不留爷，自有留爷处”是很多人在跳槽时的态度，这其实是一种颓废的态度。很多频繁变换工作的人，在经历多次跳槽后，会发现自己在不知不觉中形成了一个习惯：工作中遇到困难想跳槽，人际关系紧张想跳槽，看见好工作（无非是多挣一些钱）想跳槽，有时甚至莫名其妙就想跳槽，总觉得下一个工作才是最好的，似乎一切问题都可以通过“转移阵地”来解决，甚至完全不负责任地一走了之。

久而久之，习惯跳槽的人不再勇于面对现实，也不再积极主动克服困难，而是在一些冠冕堂皇的理由下采取逃避、退缩的态度。他们的理由无非是“这份工作不适合我”“不能与同事或客户很好地相处”“领导不理解”“运气不好”“怀才不遇”等等，他们幻想着找到一份新的工作之后所有问题就会迎刃而解。这样的想法其实不切实际，因为好工作从来都是自己做出来的，而非跳槽“跳出来”的。

刘澜大学毕业后进入北京一家设计公司工作，当时的工资是每月 2000 元，在同行业中并不高。然而令人惊讶的是，两年以后，他竟然拿到了每月 2 万元的工资，还被任命为设计部主管。

刚进公司的时候，刘澜和老板口头约定，在两年时间内刘澜的工资保持 3000 元的上升空间。但刘澜暗下决心，绝不满足于这样的工资水平。他一定要让老板知道，他绝不比公司中的任何人逊色，他其实是优秀的人。

刘澜的工作质量很快就引起了周围人的注意。工作不到一年，他在公司里已经如鱼得水、游刃有余，以至于另一家公司愿意以月薪万元的待遇聘用他。但他并没有向老板提及此事，在两年的约定期限结束之前，他甚至从未向老板暗示过要终止约定。也许很多人会说，不接受另一家公司如此优厚的条件，刘澜实在是太傻了。但是，在两年的约定期限结束之后，刘澜所在的公司给予了他每月 2 万元的高薪，还将他任命为公司的设计部主管。因为老板很清楚这两年来刘澜所付出的劳动，认为他理应获得如此丰厚的回报。

试想一下，如果当时刘澜对自己说："我每月只有 2000 元的工资，何苦要付出辛苦呢！再说，我也不一定在这里长久地待下去，等我有了一定的工作经验再跳槽去其他公司，说不定薪水会更高。"如果刘澜抱着这样的想法，结果会怎样？实际上这正是当下许多人的想法。正是这种想法和做法，令这些人与成功无缘。因为他们不知道，对于一个员工来说，还有比薪水更重要的东西，那就是工作中潜藏着的发展机会。

许多职场中人渴望找到一个能施展自己的才华、使自己有所发展的工作环境，这当然是值得鼓励的。但过于频繁地跳槽，不仅对企业有很大的负面影响，更会影响到个人的可信度，让他人认为你缺乏忠诚精神。几乎没有哪家公司的老板会任用对自己公司不忠诚的人，或频繁跳槽的人，不安定、不忠诚的人在职场中会一事无成，他们的结果往往是“永远从基层做起，永远在路上奔波”。

小语

员工频繁跳槽直接损害的是企业，但从更长远的角度看，对员工个人的伤害更深。因为无论是对个人资源积累的影响，还是由跳槽所养成的“这山望着那山高”的心态，都会阻碍个人事业的发展。

忠诚守责才能赢得信赖

在职场中苦苦奋斗、拼搏多年的你，也许会有这样的苦恼：你忠心耿耿、鞍前马后地追随领导多年，却始终得不到领导的重用和提拔；你能力超群、才华出众，却总是得不到领导的认可；你相信自己能够在工作中独当一面，可是领导从不给你展示自己的机会……凡此种种，都透露出一个信息，那就是你的领导不相信你的能力以及你的忠诚，认为你不值得信赖。

一个人即使能力再强，如果没有领导的信任，也很难充分发挥个人的聪明才智，进而实现事业上的成功。可见，获得领导的信赖对于一个人的职业发展是至关重要的。那么，我们怎样才能获得领导的信赖呢？唯一的答案是忠诚守责。这四个字看似简单，实则有着非常丰富的内涵。

首先，要保质保量地完成领导交代的工作任务。领导考察下属最重要的标准是工作态度和工作能力。如果你能保证按时甚至提前完成任务，而且工作质量超出领导预期，领导就会逐渐对你重视起来并产生信赖感，能放心地把更重要的工作交给你，你也将因此获得更多的机会，实现个人的发展。

其次，做事要认真负责，一丝不苟。无论你身居关键岗位还是从事简单的工作，都应该认真对待，树立严谨的工作作风，提升工作品质，避免错误和不必要的损失。具体而言，应当做到以下几点：

①提升专业技能和综合能力

较强的专业技能和综合能力是最大的实力。“强将手下无弱兵”，每个上司都希望自己的团队实力强大，具备不可替代的竞争优势，如果你的工作能力突出，自然能得到领导的重视。

②在工作中不断学习新知识、新技能，积极迎接挑战

不要被职务范围和岗位职责所限定，认为有些事情不是你的分内工作。要多接触新事物，将其视为新的机遇与挑战，广泛地学习相关知识和技能，提升自己的综合能力。在社会发展日新月异的形势下，新的情况随时都可能出现，因此要有意识地培养自己的适应能力，积极主动地迎接挑战。

③勇于接受任务，不怕困难

信任分两种，一种是对人品的信任，一种是对工作能力的信任。如果你对工作推脱懈怠，表现得非常懒惰或者没有自信，一定会失去领导的信任。要想赢得领导的信任，就必须勇于接受任务、不怕困难，这是一种积极、自信、有魄力的表现。撇开自身能力不谈，领导肯定会对你的人品表示赞赏。

④ 信守承诺和约定

如果你在接受领导交付的任务时信誓旦旦，到头来却迟迟不付诸行动，或者拖拖拉拉不见成效，那么，领导肯定会对你产生不信任的感觉。相反，如果每次你都能保质保量地完成任务，领导就会信任你、重视你。

⑤勤于沟通，谦虚求教

即使你与领导交往密切、关系融洽，也不代表领导一定信任你，因为谈得来和信任是两回事。你不能凭主观的感觉，认为领导对自己很了解，就断定领导很信任自己。所以，勤于沟通、让领导随时随地知道你在做什么，是很重要的。比如当你把一件事情办得很完美时，一定要记得向领导汇报，不要以为领导什么都知道。多与领导沟通，主动请教、汇报，让领导对你的能力有更全面的了解，才能更好地争取领导的信任。

⑥随时待命

要保证领导随时能找到你。离开办公室时，要把自己的行踪告诉同事，以方便找到你。如果事先知道要开会，最好不要请假或走开。

每一个职场中人都希望能得到领导的信赖，领导的信赖能使你的工作有事半功倍的效果。所以为了事业的成功，必须用实际行动争取领导的信赖。

小语

一个人即使能力再强，如果没有领导的信任，也很难充分发挥个人的聪明才智，进而实现事业上的成功。可见，获得领导的信赖对于一个人的职业发展是至关重要的。

第三章　忠诚是职业操守，是企业灵魂

“忠诚”是员工最基本的职业精神，也是企业的支柱和灵魂。一个人的成功与一个企业的成功一样，都来自追求卓越的精神和不断超越自身的努力，而这一切都以忠诚为支撑。人们常说“忠诚胜于能力”，有能力的人很多，但没有忠诚，空有能力也做不成大事。

把自己当成“合伙人”

很多人认为自己和公司的利益是对立的，其实不然。没有公司，员工就失去了赖以生存的就业机会；而没有了员工，公司追求利润最大化的目标也就无从谈起。所以说，公司和员工是合作共赢的关系，这就要求我们把自己当成是公司的“合伙人”。

企业的生存和发展需要员工的敬业和忠诚，而员工需要从工作中获得丰厚的物质报酬和精神上的成就感。从互惠共生的角度来看，二者是和谐统一的——企业需要忠诚和有能力的员工，才能实现发展壮大；而员工必须依赖企业提供的平台，才能充分发挥自己的聪明才智。

为了自身的利益，企业只会保留那些最佳员工，即忠于企业、尽职尽责完成工作的人。同样，为了自己的利益，每个员工都应该意识到自己与企业的利益是一致的，并且应该全力以赴去工作，只有这样的员工才能获得企业的信任，自己也才能获得更大的收益和发展空间。

在一个有着先进的企业文化和完善的激励机制的企业中，员工在享受企业提供的优厚待遇的同时，也应为企业着想，积极为企业未来的发展出谋献策、努力工作；即使企业一时遇到困难，也应与企业同舟共济，共度难关；企业中，只有上下一心、同心协力，才能使企业在激烈的竞争中立于不败之地，而在企业发展壮大的同时，员工的利益也能得到持久的保障。

有些员工以为企业领导整天无所事事，这种认识使他们无意中将自己的立场与领导对立起来，使领导和员工之间原本和谐共赢的关系遭到破坏。实际上，领导并不像我们想象中那么轻松潇洒，作为企业的经营者，他们承担着巨大的压力和风险，企业的成长与他们时时策划有着莫大的关系。

企业的成功不仅意味着企业经营者的成功，也意味着员工的成功。也就是说，员工必须认识到，员工个人的成功是建立在团队成功的基础上的，没有企业的快速发展和高额利润，员工也不可能获取丰厚的薪酬。只有企业经营者成功了，员工才能成功。企业经营者和员工是“一荣俱荣，一损俱损”的关系，员工认识到这一点，就要积极主动工作，帮助企业经营者获取成功，如果员工忠诚，就能在工作中赢得企业经营者的青睐，从而获得个人事业发展的成功。

企业经营者并非全才，在工作中也会遇到许多难题。这些难题也许不是员工分内之事，可是这些难题的存在却阻碍着企业的发展。员工如果能够帮助企业经营者解决这些难题，在成功的道路上无疑会走得更快。

聪明优秀的员工会不断调整自己的思路，与企业经营者保持一致，把自己当作“合伙人”。因为他们意识到：

（1）个人利益与公司利益、企业利益紧密地结合在一起，只有公司、企业发展壮大了，个人利益才有可靠的保证。

(2)员工个人才华的施展和企业经营者的支持是分不开的。有了企业提供的工作平台，员工才能施展出所学与专长。

（3）员工个人的事业发展也离不开企业经营者。员工如果处处从企业经营者的角度为其着想，在工作上竭尽所能，也就更有可能在个人的事业发展上有所建树，有所成就。

所以，员工与企业经营者绝不是对立的关系，而应是互惠互利、共创双赢的合作关系。那些时刻同企业经营者立场一致并帮助他们取得成功的人，才能成为企业的中坚力量，才会成为令人羡慕的成功人士。

小语

为了自身的利益，企业只会保留那些最佳员工，即忠于企业、尽职尽责完成工作的人。同样，为了自己的利益，每个员工都应该意识到自己与企业的利益是一致的，并且应该全力以赴去工作，只有这样的员工才能获得企业的信任，自己也才能获得更大的收益和发展空间。

坚决贯彻服从精神

服从是职场中人必须遵守的第一要义。不懂服从，就不懂忠诚；没有服从观念，就不能在职场中立足。身为集体中的一分子，每一个职场人士都应深刻理解服从的重要意义。员工必须服从领导的安排，如同军人必须服从首长的指挥。大到一个国家、军队，小到一个企业、部门，其成败很大程度上就取决于是否真正贯彻了服从精神。

《皇冠》杂志曾刊登过一篇名为《秘书应牢记的一句话》的文章，其中有一段有趣的话："任何一名员工都应该把'老板定律'牢记在心。'老板定律'有两条：第一条，老板永远是对的；第二条，老板有错的时候，请参考第一条。"

这段话虽然带有玩笑性质，但也生动地说明，下属在处理与上司的关系时，服从是第一位的，是天经地义的。下级服从上级，是顺利开展工作、维持正常工作秩序的前提，也是上级考察和评价下级的一个重要标准。因此，一名合格的员工必须服从上级的命令，严格遵守公司的制度和规定。

一个高效的企业必须有良好的运行机制，在这样的企业里，服从观念是深入人心的。每一个员工都必须具有服从意识，因为上司的地位和责任使他有权发号施令，同时上司的权威和企业整体的利益也不允许下属抗令而行。在一个团队里，如果下属不能无条件地服从上司的命令，各项工作就无法正常有序开展；反之，如果每个团队成员都能各归其位、各司其职，整个团队就会具有高度的凝聚力，从而发挥出超强的执行力。

虽然上司的决策会有错误的时候，但是员工还是应该遵从并执行而不能加以抱怨或轻视。无论是普通员工还是管理者，都很难百分之百断定其某项决策是对的还是错的，因为很多事物的结论不是唯一的，它本无所谓对错，只是哪一种更适合的问题。很多时候，你认为不正确的或者自己不能理解和接受的，并不一定是错误的，它需要通过实践来检验。

当然，你也可以大胆地说出你的想法，以便让你的上司明白，作为下属的你不是在机械地执行他的命令，而是在认真思考怎样做才能更好地维护公司的利益和他的利益。但是，无论你在公司的职位有多高，只要身为公司的员工，你就要谨记一点：你只是上司的协助者，而不是决策的制定者。所以，哪怕上司的决定不尽如你意，甚至与你的意见完全相反，当你的建议无效时，你都应该立刻放弃自己的意见，坚决服从上司的决定。但在执行过程中时，如果发现这项决策的确是错误的，你就要尽可能地使这项错误造成的损失降到最低限度，这才是你应有的态度。

平心而论，一家公司即使没有森严的等级制度，也有着最基本的上下级关系。在工作中，双方的地位和身份不同，处理问题的方式也有不同，即使上司有所偏颇，你也应该冷静下来，找机会慢慢把问题分析清楚，而不应一时冲动使矛盾升级、使事态扩大。因为上司有自己的尊严和权威，如果你当面指责他，不仅无法解决问题，反而会产生不良后果。

所以，身为下级，最忌讳的就是冲撞领导、挑战权威。当领导对你发脾气时，如果错误确实出在你身上，你就必须承认错误，并且做出改正的承诺，而不是为自己的错误寻找借口，因为领导最希望的是你能知错认错，把损失弥补回来。假如责任并不在你，你是被“冤枉”的，你可以用恰当的、容易让人接受的方式向他把事情解释清楚，与他达成谅解后，你还可以为他提供一些解决问题的建议。

总之，服从上级指令是职场人士的一堂必修课，服从是下级应该做到的。俗话说“没有规矩不成方圆”，一个企业，如果没有严格的规章制度和严明的纪律，就如同一盘散沙；员工如果没有服从意识，自由散漫，何谈生存与竞争。所以，培养服从精神，是做好工作的前提条件。

小语

服从是职场中人必须遵守的第一要义。不懂服从，就不懂忠诚；没有服从观念，就不能在职场中立足。

责任心是忠诚之本

人如果能够承担起自己的责任，一步一个脚印地扎实完成工作，那么工作必将给予你实实在在的回报；如果你敷衍工作、消极怠工、试图逃避责任，那么，你永远都不会拥有令人骄傲的事业，永远都无法实现自己的人生价值。

有个老木匠准备退休，老板问他是否可以帮忙再建一座房子，老木匠犹豫再三终于答应了。但老木匠的心思已不在工作上了，他用料不再那么严格，做工也全无往日的水准。总之，他对待工作的责任心已不复存在。

这座房子建好后，老板并没有说什么，只是把钥匙交给了老木匠。“这是你的房子，”老板说，“是我送给你的退休礼物。”

老木匠一生盖了许多好房子，最后却为自己建了一座粗制滥造的房子。这是因为老木匠丢了自己的责任心。

这个故事，生动地说明了责任心是职场天平上最有分量的“砝码”。责任心是忠诚之本，也是忠诚的重要表现。

美国出版家阿尔伯特·哈伯德先生曾讲述了这样一件感人的小事，可以让我们更好地理解责任心在工作中的重要性。他说：“几年前，我去巴黎参加研讨会，因为开会的地点不在我下榻的饭店，我看地图研究许久，仍然不知道该如何前往会场所在的五星级宾馆。于是我走到大厅的服务台，请教当班的服务人员。

“当班的是一位身穿燕尾服、头戴高帽的服务人员，是位五六十岁的老先生，脸上有着法国人少见的灿烂笑容。他彬彬有礼地摊开地图，事无巨细地写下路径指示，并带我到门口，对着马路指示宾馆的方向。

“在我致谢道别之际，他微笑着礼貌地回应：‘不客气，祝你顺利找到会场。’接着他补充了一句：‘我相信你一定会很满意那家饭店的服务，因为那里的服务员是我的徒弟！’

“‘太棒了！’我笑了起来，‘没想到你还有徒弟！’

“老先生脸上的笑容更加灿烂了：‘是啊，25 年了，我在这个岗位已经工作了 25 年，培养出不计其数的徒弟，而且我敢保证我的徒弟每一个都是最优秀的服务员。’他的言语流露出发自内心的骄傲。

“‘什么？你已经在这里工作了25年吗？’我不禁停下脚步，请教他乐此不疲的秘密。

“老先生回答说：‘每年都有许多外地旅客来到巴黎观光，如果我的服务能帮助他们减少人生地不熟的胆怯，让他们像在家里一样放松，悠闲地享受假期的话，这不是很令人开心吗？这让我感觉自己成为每个人假期中的一部分，好像自己也跟着大家度假一样愉快。我的工作是如此的重要，许多外国观光客就因为我而对巴黎有了好感。所以我私下里认为，自己真正的工作，其实是巴黎市地下公关局长！’他眨了眨眼，爽朗地说。”

这位老先生在平凡的工作岗位上做到了忠于职守，承担起了自己的责任，所以他创造出不平凡的人生价值——让所有接受过他的服务的人感到轻松愉快。

时下，有很多人对待自己的工作敷衍了事，认为“我不过是在为老板打工”。在他们看来，工作只是一种简单的雇佣关系，做多做少、做好做坏对自己意义并不大。这种想法真是大错特错，如果一个人只把工作当成一种养家糊口的手段，那么他一辈子只能成为工作的“奴隶”。只有时刻站在事业的高度对待自己的工作，才能忠于职守，带着高度的责任心走上成功的路。

责任心是战胜工作中所有问题的强大精神动力，它使人们有勇气排除万难，甚至把“不可能完成”的任务完成得相当出色。或许有些人说，只有管理阶层才需要责任心和忠诚精神，我只是一名普通的员工，有无责任心没多大关系，忠诚不忠诚也不重要。这样的想法是要不得的。殊不知，没有江河，无以汇成大海。企业是由众多员工组成的，虽然每个人分工不同、岗位不同、职责也不尽相同，但每一个员工都担负着企业生死存亡、兴衰成败的责任。作为企业的一分子，面对日益激烈的市场竞争，如果缺乏对待工作的责任感，无异于给自己贴上一张“失业”的标签。

小语

如果一个人只把工作当成一种养家糊口的手段，那么他一辈子只能成为工作的“奴隶”。只有时刻站在事业的高度对待自己的工作，才能忠于职守，带着高度的责任心走上成功的路。

忠诚的人脚踏实地

一位哲人曾经说过："世界上能登上金字塔顶的生物只有两种：一种是鹰，一种是蜗牛。"

鹰"天资奇佳"，飞上塔顶似乎轻而易举；而"资质平庸"的蜗牛之所以能登上塔尖，靠的是脚踏实地的精神 。人只有发扬脚踏实地的精神，才能将思想真正转化成行动。

在进入中国市场之前，肯德基公司派了一位代表来中国考察市场。这位代表来到首都北京，看到街道上人头攒动的场面，内心激动不已，尽情地畅想着肯德基打开中国市场后的美好未来。带着这份美好的想象，他回到公司复命，但总裁还没听完他的"美好遐想"就终止了他的工作，另派一位代表前往北京。

新代表是一位非常务实的人，他先是在北京几条街道测出人流量，进行了大量的实地走访，然后又对不同年龄、不同职业的人进行调查，请他们品尝肯德基的产品，并详细询问了他们对产品的味道、价格等方面的意见。另外，他还对北京的油、面、菜甚至鸡饲料等相关原材料的供应情况进行全面的摸底研究，并将样品和数据带回公司总部。

不久，那位代表率领一群人又回到北京，肯德基从此打入了北京市场。

肯德基要打入市场，只有美好的愿望是不行的，还要采取实际行动，收集数据、分析情况，在此基础上做出决定。这就是两位代表的差别所在。他们的任务都是考察市场，都是为肯德基进入中国市场做准备，但只有第二个代表圆满地完成了自己的任务，他不仅忠于职守，而且拥有务实态度，因此在工作中实现了自我价值。

忠诚在于“忠”与“诚”，强调的是思想与精神的层面；而务实的着眼点则是“实”，即实际行动。每个人都有自己的梦想，但很少有人能够真正实现自己的梦想，这是为什么呢？正是因为许多人都缺乏务实心态，不能从实际行动出发，用行动去实现自己的梦想。

成功者除具有忠诚的品质外，还需要有务实的心态。务实的人不会把梦想停留在计划和空谈上，务实会让人成为行动者。他们懂得成功必须依赖行动，而忠诚、能力、责任和知识等因素，只有当你已经开始行动的时候，才能发挥作用。因此，真正具备忠诚品质的人，一定是具有务实精神的人；只有坚持务实精神的人，才是真正践行了忠诚的品质。

有些人虽有天赋却仍然遭遇失败，就是因为他们缺少务实精神。面对生活和工作中的种种困难与挑战，他们选择逃避，把自己埋藏进梦想的“避风港”，沉溺于简单的空想中。他们甚至不敢把自己的梦想投入到实际行动中去，害怕它们会经不起现实的考验，成为泡影。

其实，生活是常变常新的，可以说，变化才是它的本质。我们要根据不断变化的形势去行动，而不是固执己见、空守梦想。事实上，如果惧怕变化、不敢于挑战，我们就无从成长、无从进步。

务实者不惧怕变化，因为他们的想法有行动做保障。务实的人相信有播种才有收获，他们从不奢望不劳而获。

几十年前，有一个年轻人来到美国西部，他想做一名新闻记者。可他人生地不熟，感到无从着手，于是写信去请教报界名人塞缪尔·克莱门斯先生(即著名作家马克·吐温)。

不久，克莱门斯先生给他回信说：“如果你能按照我的话去做，我就可以帮你在报界谋得一个职位。现在请告诉我：你想进哪家报社？这家报社在哪儿?”

接到克莱门斯先生的回信，年轻人异常兴奋，于是又写了一封信，说明他心仪的报社名称及其地址，并向克莱门斯先生诚恳表态，愿意听从他的指示。几天后，克莱门斯先生的第二封回信到了他手中，信中说：

“如果你肯暂时只做工作、不拿薪水，那么无论你到哪一家报社，人家都不会拒绝你。至于薪水问题，你可以慢慢来。你可以对报社的人说，你近来觉得生活很空虚，很想找份事来做以充实生活，报酬可以先不要。这样一来，无论这家报社现在缺不缺人，都不好一口回绝你。

“而你在获得工作之后，一定要主动做事，直到同事们渐渐感到离不开你时，你再去采访新闻，把写成的稿件交给编辑部。如果你所写的稿件的确符合报社的要求，编辑自然会陆续发表你的稿件。这样一来，你就会慢慢晋升到正式外派记者或编辑的岗位上，大家也会渐渐重视你。这时，你就不必担心薪水的问题了。你的名字和工作业绩肯定会被传出去，所以，你迟早会获得一份薪水颇丰的工作。

“不久，很多报社都会来争相聘用你，你可以把聘书拿给主编先生看，告诉他其他报社要给你多少月薪，假如这里也愿意出这些月薪，你仍然会继续做下去。当然，到了那时，即使其他报社给你更高的薪水，但如果数目与这里相差不是很大，你最好还是留下来。”

除了这位青年，还有其他5位青年请教克莱门斯先生同样的问题，也相继获得了指示，因而都找到了他们所向往的工作，有一位还成了美国某家权威日报的主编。

克莱门斯先生教给这些年轻人的成功“秘诀”，正是脚踏实地、勤勤恳恳的工作态度。

务实是成功的基础。如果没有务实的态度，爱迪生纵然有聪明的头脑也不会成为发明家；如果没有务实的态度，比尔·盖茨即使智商再高，也不会成为超级富豪；如果没有务实的态度，达·

芬奇即使再有天赋也不会创作出《蒙娜丽莎》……

所以，我们要想在职场中获得成功，就必须有务实的精神，认认真真地完成每一项工作任务，一步步地朝自己的目标迈进。

小语

具备忠诚品质的人，一定是具有务实精神的人；只有坚持务实精神的人，才是真正践行了忠诚的品质。

忠诚不等于平庸

现实中很多人都满足于温饱无忧的生活。于是他们找到一份稳定的工作，终其一生总是拿那么一点点薪水，每天总是做着同样的事情，直到终老。实际上，这就是一种平庸。这样的人即使完成了自己的工作，也不是真正对工作忠诚。

而那些追求卓越的人不会满足于现状，他们以反省的态度审视自己，把自己的现状和目标不断进行比较，并以此激励自己不停努力。

这是两种截然不同的人生态度，而现代职场人需要的是后者，也就是追求卓越的心态。

“现在的自己永远是有待完成的。”诗人格斯特的这句话说的便是这个意思。格斯特之所以会成功，很大一部分原因就是他胸怀大志，不甘平庸，努力塑造理想中的自我。

我们每个人都希望自己有一天能出人头地，拥有精彩的人生。然而，很多人一辈子庸庸碌碌，不仅没有任何作为，反而活得一塌糊涂。这样的结果，很大程度上是由于自己甘于平庸的心态所造成的。如果一个人能够超越自己，不甘平庸，那就能更接近成功。

碌碌无为的工作和生活，会使人的精神和意志常常处于麻木与半麻木的状态，犹如身处没有星星与月亮的黑夜之中，找不到前途和出路。一个人只有不甘于平庸，不满足于现状，才会对事业有所追求，才能热血沸腾、干劲十足、加倍努力，才能真正做到忠于事业。

何永智被称为“中国的阿信”，她的成功就是她不甘平庸的信念所造就的。她的火锅店以三口锅起家，后来越做越大，使她成为中国的“火锅皇后”。

何永智原来在一个制鞋厂工作，丈夫是电工。夫妻二人靠微薄的工资度日，日子过得很清贫。何永智不满足于这种只是温饱的日子，她下班后就去做些小买卖，以改变窘迫的现状。

改革开放初期，何永智大胆地把房子卖了做生意，抓住了政策带来的商机。卖房的价格是当初买房时的5倍，何永智从中小赚了一笔。她用卖房的3000元，买了成都市八一路一间临街房，卖服装和皮鞋。有了自己的店铺后，生意规模迅速扩大。

后来，八一路改成了“火锅特色一条街”，何永智果断地关闭了原来的店铺，开了“小天鹅火锅店”。刚开始，店面很小，只能摆下三张桌，设三口锅。火锅店开张的第一个月，因为没有经验，何永智面临亏损的局面。第二个月，何永智把心思用在两个方面：一是口味，二是服务。在她的用心经营下，生意一天天好起来。

何永智的店经营得很红火，一天的收入将近她过去一个月的工资，但进取心很强的她并不满足，她盼望着自己能赚一万元，成为“万元户”。20世纪80年代初，“万元户”很少。为了这个店，何永智废寝忘食，把所有精力都用在经营上，生意也一天比一天红火。6年后，她成了这条街上的“火锅皇后”，经营面积扩大到一百多平方米。这时，何永智有了更大的梦想。

20世纪90年代初，她又租下两千平方米的房屋，开设了第一家分店，获得了成功。何永智接着又扩大规模，相继在绵阳、双流等周边地区开设分店，影响越来越大。

1994年，天津加盟连锁店的开设使何永智的火锅事业又上了一个新的台阶。于是她又再接再厉，以平均每月一家的速度开办加盟连锁店，向全国各大城市推进。很快，上海、北京、南宁、广州、西安、沈阳、哈尔滨等地都开起了加盟店。她甚至把火锅店开到了美国西雅图等地，成为国际型企业，何永智本人也一举跨入了亿万富翁的行列。

目前，何永智已成为集团总裁，并当选为第八届全国妇联代表，她所创办的企业也跻身“中国民营企业500强”行列，成为“中国最具前景的50家特许经营企业”之一。

如果何永智甘于某一阶段的富足，害怕冒险，“见好就收”，就不会拥有后来的成功和财富。

人这一生，或是平庸，或是卓越，看你自己怎样选择。如果没有理想，没有事业心，那就只能庸庸碌碌地度过一生。现今有不少职场中人，聪明能干也很自信，却最终无所作为，其根本原因就在于没有超越自我的勇气和决心。试想一个不想获胜的人，怎么可能在比赛中得到冠军呢？所以，无论你有多大的才干，如果没有远大的理想和抱负，或者不愿将理想付诸行动，最终只能自我埋没。

人可以平凡，但不能平庸。只要不甘平庸，即使身处再平凡的岗位，也能成就不平凡的事业，达到卓越的境界。所以作为员工的我们，要永远不甘于平庸，永远追求卓越的境界，这样才能收获成功，这样才是真正忠于自己的事业。

小语

人只有不甘于平庸，不满足于现状，才会对事业有所追求，才能热血沸腾、干劲十足、加倍努力，才能真正做到忠于事业。

第四章　勇于担当，做忠诚之人

一个优秀的员工不仅需要具备良好的修养，能真诚待人，还应懂得一些与领导相处的技巧。员工不懂忠诚，就得不到领导提携；员工不懂如何与领导相处，领导就无法深入了解员工；员工怕和领导接触、躲着领导，领导就无从了解员工的业绩……

所以，员工除了做好本职工作外，还要常和领导互动，让领导了解你，这样才能取得事业上的成功。

争取机会，发展自我

很多人性格老实，不善于自我表达，以为只要踏实干活、认真工作就能在职场上取得成功，于是他们远离同事、远离上司。其实，这样做很不利于个人才能的发挥和事业的发展。换个角度想想，“坐在领导身边又何妨”？员工只有经常与领导沟通，让领导记住你、了解你，你才可能收获意外的惊喜。

当然，很多人认为“人言可畏”，怕与领导接近会引起麻烦：一是会被领导误以为有什么目的和企图；二是会被同事误以为有“拍马屁”之嫌；三是不清楚领导的脾气秉性，可能弄巧成拙。以下这个案例，就很典型地体现了这种心理。

刚毕业的小余和七、八个年轻人一同进入了一家正向集团化迈进、急需大批新生骨干力量的公司。为了表示对这批“新鲜血液”的厚望和鼓励，老板决定单独宴请他们。老板选定的酒店离公司不远，在前往酒店的路上，新人们三三两两结伴而行，唯独将老板抛在了一边。小余看在眼里，不禁替老板觉得尴尬。

进入酒店落座之前，小余借故先去了趟洗手间。回来一看，果然不出她所料：同事们或正襟危坐、不敢言语，或低头相互私语窃笑，不仅没人上前跟老板搭话，也没有人选择老板旁的座位。看见老板强挤出笑容的样子，小余赶忙说："我建议咱们坐得近一点吧！"然后很自然地坐在了老板左边的座位上，并对老板投来的目光报以会心一笑。

小余的做法既得体又聪明。因为老板组织这次聚会的目的就是了解新员工，借此发掘人才。但多数腼腆木讷的年轻人却辜负了老板的美意，把老板"晾"在一边，这样老板的原有目的就达不到了，这些年轻人也失去了展示自己的宝贵机会。

其实，这些人可能也想在老板面前好好表现，但是碍于"面子"，怕别人说自己"拍马屁"才退缩的。这是不对的。试想，一个不能主动为自己争取机会的人，怎么会有管理公司、为公司争取利益的魄力和手段呢？如果你是老板，你会提拔这样的人吗？

勇于接近老板很重要，但在很多公司里，员工直接面对的不是老板，而是部门领导，这时就要注意接近老板的方式问题了。尊重每一级领导都十分必要，以“越级报告”的方式接近老板肯定是不可取的，应该开动脑筋，灵活应对，就像下文中成功接近老板的林灵一样。

林灵是刚进公司的新员工，她一直想找机会接近老板。思来想去，林灵写了一份对公司发展前景的建议书给部门经理。经理看后说“很好”，只是有很多建议自己也无权决定是否采纳。

林灵借机说：“不如把老板请到我们部门来座谈，这样也能显示出我们部门的人为公司着想、愿与公司共同发展的愿望和决心！”经理一听觉得很有道理，当即邀请老板，老板自然欣然前来。

开会时，为了表示对林灵提出的建议的肯定，部门经理安排林灵和自己分别坐在老板的两边。在会上，林灵又大方地表现了一番，做了精彩的发言。

会后，同事们都为能有这样一次与老板畅谈自己想法的机会感到兴奋，部门经理更是得到了老板的赞扬，其他部门也争相效仿，谁也没有觉得林灵是在“抢风头”“拍马屁”。

其实，和领导接近的机会就在工作中的一点一滴里，只要善于发现，机会一定会属于你。

小玲是刚进入一家公司的新员工。由于她表现出色，公司提前结束了她的试用期。

成为正式员工的小玲大受鼓舞，她知道这是公司对她的肯定，更是老板对她的肯定。她想把自己的喜悦之情传达给老板，以证明自己是个懂得感恩的人。

经过细心观察，小玲找到了可以单独接触老板的机会。每天中午，公司里所有人都要去食堂吃午饭，而老板总是去得很晚。每次老板到食堂时，食堂里已经没什么人了。

一天中午，小玲借故晚去食堂，“正好”碰见老板。小玲自然达成了心愿，单独和老板有说有笑聊了一个中午。她发现原来老板也是个随和、爱聊天的人。

从此以后，小玲每隔一段时间就会“不经意”地和老板一起吃午饭。为了避免同事说闲话，她有时借口工作没做完，有时出去办事晚一点回来，错过吃饭的高峰期，以便得到接近老板的机会。

为了接近老板，小玲确实采取了特殊的策略，但是她这样做既没有危害到其他同事，同时又有利于自己的职业发展。老板也是人，也需要在业余时间与员工交流，那些见到老板就像“老鼠见到猫”、总想绕道走的人，只会与机会擦肩而过。在职场上，采取“利己不损人”的正当手段与领导多沟通交流，是在为自己争取机会，是明智之举。

小语

一个不能主动为自己争取机会的人，怎么会有管理公司、为公司争取利益的魄力和手段呢？如果你是老板，你会提拔这样的人吗？

主动工作，多负责任

拉近与领导之间的距离，有利于增强上下级之间的信任感，这样无论是对团体协作还是对个人发展都是大有好处的。但在工作中，这并不是件很容易的事情。如果你不懂某些处理人际关系的方法、不擅于沟通和表达、不了解上下级之间的相处技巧，你是很难成为领导的“得意干将”的。

与领导保持经常性的接触，可以加深彼此间的了解，可以使你更好地领会领导的工作思路并有机会提出自己的想法和见解，这时，你的思想可能会成为他的思想的补充。久而久之，领导在遇到问题和困难时就会想起你，主动地找你商量谋划，对你的信任也就自然而然地建立起来。

那么，如何才能与领导保持经常性接触呢？简而言之，一是在业余生活上多与他接近，了解他的兴趣爱好，找到你们之间的共同点，例如打球、摄影、桥牌、钓鱼等；二是在工作上多请示、多汇报，并在请示和汇报时谈一些自己深思熟虑过的富有创造性的想法。

领导要负责很多事情，但有些事情直接出面或者插手会使事情没有回旋余地，故此时作为下属的你就要主动些，必要的时候还要替领导“解围”。当你遇到这样的情况时，要多了解、多观察，以便及时帮助领导。

某酿酒厂因酒质量出现严重问题，引起社会和舆论的关注。省电视台记者到该厂去采访时，最先碰到该厂的销售科长，销售科长害怕被电视台曝光后承担责任，于是推脱道：“找厂长去，厂长说了算，厂长就在办公室里呢!”结果，记者直奔办公室，厂长想做相关准备已来不及了，只好接受采访，场面非常难堪。事后，厂长得知销售科长不仅不提前报告，反而说了那样一句话，厂长非常恼火，狠狠批评了销售科长。

销售科长当时也许是无意的，但他应该知道，作为一名下属，应从领导的角度出发，在面对突发事件时沉着应对，除了实事求是地向记者讲明问题的原因，还要了解清楚事态，以便领导做出判断并采取相应措施，而不应把问题全都推在厂长一个人身上。

与领导相处的过程，包括“工作投资”和“感情投资”，其中“感情投资”也很重要。如果不懂得这个道理，在职场发展中就可能遇到阻碍。

小罗在一个事业单位工作十年了，他工作很努力，能力也不错，按理说应该得到奖励和提拔了，但却始终没有得到领导的重用，问题就在于他的努力一直没有被主任所认可。主任是个很严厉的人，小罗有些怕他，于是很少和他“打交道”，甚至路上看到了也会远远地避开。而主任似乎对他格外挑剔，每次都对他的工作吹毛求疵，有时甚至把自己的错误也怪在小罗身上，小罗对此很是不满。另外，小罗所做的很多工作，主任都不知道。而对于主任来说，小罗也是个令他不太满意的下属，虽然他工作十年了，主任却对他没有什么了解。看到小罗故意回避自己，主任觉得很不解也很不满。长此以往，主任和小罗之间的关系越来越疏远了。

许多刚步入职场的年轻人比较腼腆，如果不是有事向领导汇报，他们绝不会到领导办公室去坐一坐、与领导进行面对面交流，而且在召开部门会议时他们也总是坐在离领导最远的地方，既不提建设性意见，也不提批评意见，即使领导点名令他们发言，他们也只是草草应付几句，而且不敢与领导进行眼神交流。

可以想见，这些人留给领导的印象总是“模模糊糊”“说不出好坏”，所以他们被重用的机会少之又少。其实，任何人的观察范围都是有限的，也就是说，要先给领导一个机会认识你，然后才谈得上重用和提拔你，给你施展才华的空间。而你要想成功，在面对权威时，自己就要首先放下身段，主动地展示自己的素质和能力。

职场人士，尤其是刚步入职场的年轻人，一定要寻找甚至创造机会多与领导接触。而在与领导接触的过程中，有些细节是不能不注意的：

①不要以一个争辩者的形象出现。

任何明智的领导都欢迎不同意见，但都反对把时间花在无谓的争辩上。“不要争辩”被写入了许多企业的行为准则中，因为争辩所带来的对立情绪对于企业的经营和团队的协作都是不利的。所以，如果你有机会当面向领导提出不同意见，一定要避免争辩和冲突，而应以幽默、平和的方式提出来。要懂得维护领导的自尊心，要会诙谐而有策略地提出反对意见，最好能让领导在笑声中接受。

②别怕流言蜚语。

如果你与领导的关系密切，你有可能会面对流言蜚语的困扰。当你被领导委以重任之后，一些原先的“朋友”会疏远你。也许是出于嫉妒，也许是出于别的原因，他们会散布对你不利的流言，比如你是领导的“关系户”，但你完全不必为此担心，因为最终每个人都是凭自己的能力与才华说服他人的，只要你能出色地完成领导交给你的任务，证明你能胜任自己的职位，流言就会烟消云散。

我们无法阻止别人的议论，但我们可以把自己的工作做到最好。一个人要成功，首先要不畏人言。只要你不是谄媚之徒，真相最终会还你清白。

③多给领导以“私人关怀”。

领导也是人，需要员工的关心，有时领导要承受的压力和孤独是他人很难体会的——比如因为工作繁忙而无暇孝敬父母，比如每月只有一次机会探望儿女，比如最终为事业的成功而付出了健康的代价……很多人身为领导，却找不到能分担苦恼的人，所以领导也需要关怀。如果你能设身处地地为领导着想，为他排忧解难，他自然会感受到你的忠诚，会对你信赖并委以重任。

小语

与领导保持经常性的接触，可以加深彼此间的了解，可以使你更好地领会领导的工作思路并有机会提出自己的想法和见解，这时，你的思想可能会成为他的思想的补充。久而久之，领导在遇到问题和困难时就会想起你，主动地找你商量谋划，对你的信任也就自然而然地建立起来。

换位思考，上下齐心

在工作中，有些员工常有这样的牢骚话：

“领导什么都不干，只会坐在那里指手画脚。”

“做员工最辛苦，做领导最轻松！”

“领导只是动动口，却让我们忙得团团转。”

“如果我是领导，我会做得比他更好。”

但事情真的是这样吗？

领导的工作性质与员工工作性质有很大不同，领导必须思考公司或团队整体的发展战略，必须对每一个重大的决策进行规划，这些工作表面上看没什么大不了，却需要长期的知识和经验的积累。特别是维持一家公司的正常运行，更是一个相当复杂的过程，为此，领导必须具备许多非凡的能力，比如管理能力、生产能力、用人能力、组织能力等等。此外，还必须具备：

①对事业的强烈追求。

领导追求卓越的愿望应非常强烈。

②良好的信息整合能力。

领导要具备极强的逻辑思维能力，能把各种纷繁复杂的信息整合起来，并迅速做出准确的判断。

③良好的承受力和坚持力。

领导要承受压力的能力超强，这样会勇于战胜各种困难，不轻言放弃。

④良好的团队组织能力。

领导必须有调动团队整体积极性的才能。

⑤善于思考的能力。

领导必须有独立思考的能力，并且能当机立断。

⑥不断学习的能力。

领导求知欲应旺盛，这样对各种新事物会保持积极学习的态度。

领导不必做具体事务，统筹全局才是他应做的。退一步说，即使某些领导看上去的确很“轻松”、很“悠闲”，但这也并不意味着他们真的轻松、悠闲。俗语说：“当家才知柴米贵，养儿才知父母恩。”小孩子往往只看见父母的威风，不知道父母的辛劳，领导的处境也是如此。很多时候，下属只看到领导表面的“风光”，而看不到他们背后的辛劳。其实，每个领导都是“苦”出来的，没有谁能随随便便成功。

当我们看到领导出入高档宾馆、酒楼，就觉得领导活得“潇洒”。其实，他们能在激烈的市场竞争中求得生存和发展，就说明他们是有强烈事业心的，是肯吃苦耐劳的，许多人甚至是“工作狂”，没有时间和心情“玩”。的确，他们比一般人更多地出入社交场所，但那多半是为了工作上的应酬而已，与一般人常说的“潇洒”相去甚远。

领导的乐趣也未见得比普通员工多，相反，他们需要承担更多的责任和压力，想的更多的是企业的发展和未来。

领导也是普通人，有自己的喜怒哀乐，有自己的弱点和缺陷。领导之所以成为领导，并不是因为自身有多完美，而是因为他们有着其他人所不具备的天赋和才能。

而换位思考也很重要。任何人都需要换位思考，作为领导，作为员工，多想想他人之难，就不会心生指责、不满了。

因此，员工必须有换位思考的意识，给予领导更多的尊重与理解，因为没有了他们的努力和心血，企业的发展就会受到限制，个人的发展也就无从谈起。所以，我们要设身处地为领导着想，多给予他们一些理解。员工理解领导，领导体恤员工，这样和谐的工作氛围才是企业所希望的。

小语

任何人都需要换位思考，作为领导，作为员工，多想想他人之难，就不会心生指责、不满了。

有不同意见时要有策略地提出

领导是权威者，若领导说往东、下属却偏偏往西，这就成了问题。一个公司要想发展，就必须团结；如果七嘴八舌，各行其是，肯定难以办成大事。

领导身为公司的主要决策者，其权威不容受到下属的挑战，虽然有时领导也会拿某个计划方案与下属讨论，但“民主”最后是要“集中”的，领导必须做出最终决策。

上级管下级，是公司制度和管理的必然。如果把情况倒转过来，下级对上级发号施令，不仅会被人指责为“以下犯上”，并且会使公司无法正常运转。当然，每个人都有失误的时候，领导也不例外。当领导出现失误时，身为下级的你，要有策略地指出。首先必须要有尊重领导的态度；其次要以理说服领导，而不是自以为是或当众加以嘲笑，以此来显示自己的高明，让领导陷入难堪的境地。

还有些员工以为自己“得罪”了领导，尤其是错在领导而自己受了委屈的时候，总想向他人倾诉自己心里的委屈，于是选择向同事诉说。这样的做法其实并不明智，同事们本不愿意介入你与领导的争执，又怎能安慰你呢？他们不忍心批评你，往你的伤口上撒盐，但看着你与领导的关系陷入僵局，一些同事为了避嫌，不让领导误以为自己与你串通在一起对他说三道四，反而会疏远你，使你变得愈发孤立起来。在这种情况下，最好的解决方法就是开诚布公地向领导说明问题，有策略地使领导接受你的想法，而不是在背后议论领导或与领导发生直接冲突。

电视剧《我的兄弟叫顺溜》中的钢铁士兵顺溜有这样一句经典台词：“就是天崩地裂、生死存亡，你也得服从命令，完成任务。”

战争是残酷的，每个人的一举一动都会影响整场战争的胜负成败。只有每个士兵都做到服从指挥、从大局出发，整个军队才能精诚团结、取得胜利。其实，无论战场还是职场，都要求“服从命令听指挥”，在处理与领导的关系时，服从精神是第一位的。所以，无条件地服从命令是一个职场人所应具备的最基本的素质。

在此基础上，当我们就某些问题与领导发生分歧时，一定要讲究策略，妥善处理，以恰当的方式向领导说明情况及你自己的想法，并坚决执行领导的决策，这样才能更好地开展工作。

如果员工与领导有了隔阂甚至相互之间存有敌意，员工的工作和今后的发展一定会受到影响。此时最好的解决方法就是员工主动伸出“橄榄枝”，多找领导沟通，消除矛盾、误会，修复双方的关系，以便更好地开展工作。

小语

每个人都有失误的时候，领导也不例外。当领导出现失误时，身为下级的你，要有策略地指出。首先必须要有尊重领导的态度；其次要以理说服领导，而不是自以为是或当众加以嘲笑，以此来显示自己的高明，让领导陷入难堪的境地。

关键时刻要挺身而出

在关键时刻挺身而出，比干一千件稀松平常的事情更重要。优秀的员工总能在领导最需要的关键时刻“挺身而出”，领导也会把一些重要的工作交给他们去做。

领导喜欢敢于挺身而出，承担重大责任和艰巨任务的员工。而油滑谄媚、善于拍马屁的员工或许会获得一时的宠信，但遇到实际问题时，领导决不会信赖和依靠他们。

只有主动承担责任，迎难而上，才能让领导对你产生认同。承担艰巨的任务也是锻炼自己能力的难得的机会，会使你的能力和经验迅速提升。在完成这些艰巨任务的过程中，尽管有时会感到很痛苦，但痛苦却会让人变得更成熟。

某商场要开设自己的网站，需要克服大量技术上的困难，而具体到网站的设置，又牵涉到大量商业问题。

老板发了愁，到哪里去找既懂计算机又懂销售的人来负责呢?老板问了好几个人，但这些人深知责任重大，自己又有许多不懂的业务，都推辞了。于是商场的这项计划一直拖延下来。

保罗是计算机专业毕业的，在商场里从事计算机方面的工作，对商业销售也不懂。但他看到老板一筹莫展的样子，便自告奋勇说：“我试试吧。”

老板抱着“试试看”的心理同意了。保罗接手之后，一边积极学习商业销售知识，向专业人员请教，一边着手解决技术问题。项目推进得虽然不快，却在稳步前进。老板对他的信任也在增加，不断放手给他更大的权力和更多的帮助。最后，保罗完成了任务，同时被提拔为该网站的主管。

当然，要做到在关键时刻挺身而出，成为老板眼中的“关键员工”，过硬的专业技术是必不可少的。

曼斯是德国一家工厂的普通技术人员，有一次工厂的电机突然坏了，全厂停电，一群技术人员围着电机团团转，就是找不出毛病，他们使尽了浑身解数仍未能解决问题。正当厂长打算另请高明时，曼斯毛遂自荐。

曼斯是一个个子矮小、满脸胡子、穿着沾满油渍工作服的员工，他对厂长说："我可不可以试试？"

厂里许多人都瞧不起他。厂长也带着一种怀疑的口吻问道："你几天能修好？"

曼斯想了想，说："三天吧。"厂长问他需要什么工具，他说只用一把小铁锤、一支粉笔就行了。曼斯就这样接下了任务。

白天，他围着电机转，看看这里，敲敲那里；晚上，他就睡在电机房。到了第三天，同事们见他还不拆电机，不禁怀疑起来，认为他只是在吹牛。

一位跟他最要好的朋友对他说："修不了就赶快放弃吧！"可是他笑着说："别急，今晚就可见分晓。"

当天晚上，曼斯搬来梯子，爬到电机顶上，用粉笔在其一处画了一个圈，说："此处烧坏线圈 18 圈。"

技术人员半信半疑地拆开一看，果然如此，于是电机很快就修好了，恢复了正常运行。

那位和曼斯要好的朋友问他为什么如此神奇，曼斯认真地答道："除了认真掌握专业知识以外，没有别的好办法。"

厂长觉得这是一个难得的人才，如果把他调到技术部门一定能发挥他的才能，于是决定给他1万元的奖金，并从原岗位升任技术部顾问。

可见，要做到在关键时刻挺身而出，成为领导心目中的“关键员工”，除了具备过硬的专业技术，还要有高度的责任心。正如卡特总统在德克萨斯州一所学校演讲时对学生们所说：“比其他事情更重要的是，知道怎样专注于一件事情并将这件事情做好，与其他有能力做这件事的人相比，如果你能做得更好，那么你就永远不会失业！”

努力提高自己的专业技能，力求精通，全面提升自己职业素质和责任感，在关键时刻挺身而出，发挥所长，领导自会看重你。

小语

在关键时刻挺身而出，比干一千件稀松平常的事情更重要。

正确对待批评

每个人都有情绪、脾气、爱好等性格特质，领导也不例外。下属每天与领导朝夕相处，免不了遇到领导大发雷霆的时候，这时，你是否想过要找到一些方法抚平领导的愤怒情绪呢？其实只要你有心，就一定能做到。

正所谓“无风不起浪”，要想安抚领导的情绪，我们首先要及时了解领导发火的原因，只有这样才能根据具体原因采取相应的对策，也就是我们经常说的“有的放矢”。

如果你的领导脾气大，动辄便对下属破口大骂，这可能是因为他对自己的事业发展十分重视，甚至达到自我制造巨大压力的程度，同时还说明他对自己必须倚重的员工缺乏信心。这类领导总是担心工作做不好，认为下属的工作总是无法使他满意。所以，他们随时随地对人咆哮或大声叫骂，是因为他们心中有这种想法：

如果我把自己的意思大声说出来，对方可能会听得更清楚，不会忘记我的命令。而如果那些一般不轻易发火的领导突然咆哮起来，就很可能是下属的工作确实令他难以忍受，这就需要下属从自身找找原因。

当然，在具体的工作过程中，导致领导生气的原因可能有很多。主观上，领导脾气大是一个重要的原因。其实领导也有难言之隐，他是担心工作不能如期妥善完成，由于一时的焦虑而失去心理平稳，才胡乱向下属“开火”。假如你能够了解这些，日后与这样的领导相处，便会觉得轻松自然一些。

了解了领导发火的原因，我们还要摸清他们的情绪变化周期。

人们一般都会有情绪变化的周期，一段时间心情好，一段时间心情差，领导也不例外。在情绪低落时，他们的确易于对负面的事情感到沮丧，听到正面的消息也不大能兴奋起来；而在情绪“上升”时期，他们对一般的挫折都不放在心上，处之泰然。

在弄清领导发火的原因和情绪变化的周期之后，我们就要采取以下方法应对领导的发火。

①让他把火发够。

性格再暴躁的人也有火气消散的时候。等到冷静下来，他们就会发现，无论自己平时是多么通情达理、文质彬彬，这回可是“输了理”，“冒犯”了一位值得信赖的下级。因此，你不必“针尖对麦芒”地马上反驳他。让他把火发够，情绪平复后他自然会感到后悔和惭愧，并反思自己的行为。这样做的效果，要比直接冲突好得多。

②必要时“减弱火势”。

有些脾气太大的领导经常在别人不明原因的情况下就大发雷霆，弄得下属不知如何应付。据心理学家研究，有些领导之所以经常对下属发脾气，主要是他的权力欲在作怪。了解了问题所在，就可以对症下药。当领导对你大发脾气的时候，你最好克制自己，先不要着急，更不要试图解释，要在冷静的思考后告诉他你会注意，会按他的要求去做。当你离开他的办公室时，领导可能已经息怒了。

记住，当领导大动肝火时，不要推卸责任或试图解释，应该冷静地说：“我立刻去调查”。然后离开办公室。既然“目标物”已在眼前消失，领导就没有咆哮的对象了。

作为下属，如果你没有有效地管理好“火源”，那么你就必须想办法控制领导的“火势”，千万不要让领导的怒火“越烧越大”。因为，如果你能巧妙地控制领导的“火势”，把领导的怒火降到最低，那么你将很少受到波及，领导也会认为你是一个会办事的下属，这对你们以后的相处将极为有利。

③有策略地为自己辩护。

对于领导的批评或指责，我们虽然应该诚恳而虚心地听取，但这并不意味着不管领导说得对不对都要全盘接受，必要时应该勇于为自己辩护。一味盲从是懦弱无能的表现，而辩护也不等于逃避责任。

但是，为自己辩护要讲究策略。比如，要选择一个最合适的时机，通过言语、声音或是姿态向领导发出信息，表示你对他十分尊重，对他所讲的东西很感兴趣而且表示支持。可以使用诸如“主任，请等一下，你刚才讲的东西听起来很重要，可以把你的意思再讲一遍吗”“我知道您对这些事很在行，您就说希望我们怎么干吧”或是“您知道，我很看重您刚才所讲的意见，咱们是不是再好好讨论一下”之类的词句。讲的时候最好在前面加上“领导”“头儿”或其他表示他是上级的职务称呼，如果对方很看重自己的地位和权势，这样的称呼就能起到缓和气氛的作用。在缓和气氛、平复领导情绪的基础上，再诚恳地说出自己的想法，就会更容易让领导接受。

④以幽默缓和气氛。

幽默是缓和气氛的最佳方法之一。在领导盛怒之时，你机智地用一句玩笑化解领导的怒气和自己作为受训者的尴尬，这是一种智慧，也是一种难得的能力。

领导发脾气并不可怕，只要我们从容应对，真诚对待，积极沟通，就能有效平息他们的怒气。

小语

领导发脾气并不可怕，只要我们从容应对，真诚对待，积极沟通，就能有效平息他们的怒气。

宽容是一种美德

“背黑锅”是一种幽默的说法，是指本身不是自己的责任，但却被自己“扛”了下来。每个人在工作中都会遇到替领导“背黑锅”的事，那么，面对“黑锅”我们应该“背”还是“不背”呢?

中国人酷爱“面子”，视尊严为第一位。俗话说：“人活一张脸，树活一张皮。”尤其做领导的更爱“面子”。有些领导，不慎做了错误的决定或说错了什么话，自己本来就已经觉得很尴尬，如果这时下属再直接指出或毫不客气地揭露领导的错误，无疑是向领导的“面子”挑战，会损害领导的尊严，刺伤领导的自尊心。所以，此时下属最聪明的做法就是主动把错误承担起来，暂时替领导“背黑锅”，这样做表面上看起来是“吃亏”，实际上领导会因此看到你的忠诚，会信任你并对你委以重任。

有一家公司新招了一批员工，在见面会上，老板逐一点名。

“黄烨(华)。”

全场一片静寂，没有人应答。

一个员工站起来，怯生生地说：“老板，我叫黄烨(叶)，不叫黄烨(华)。”

人群中发出一阵低低的笑声。老板的脸色有些不自然。

“报告老板，我是打字员，是我把字打错了。”一个小伙子马上站起来说道。

“你太马虎了，下次注意。”老板挥挥手，接着念了下去。

没多久，打字员被提升为公关部经理。

每个人都有自己的知识欠缺处，犯错误、出洋相难以避免。如果案例中叫黄烨的员工当时应答、事后再巧妙地纠正，就不会伤害老板的面子。而那个打字员主动替老板“背黑锅”，巧妙地化解了老板的尴尬，事后得到晋升的机会，也在情理之中。

有时候，领导会把某些本来无关的失误“推到”员工的身上，在工作中，很可能会出现这样的情况：某件事情明明是上级领导耽误了或处理不当，可在追究责任时，领导却指责下属没有及时汇报或汇报不准确，这时员工不妨暂时替领导把“黑锅”背起来，事后再找机会说明情况。

某局收到上级部门下达的质量检查的通知，要求有关部门及时提供必要的材料，准备汇报，并安排下厂检查。该通知照例应当由局办公室主任先经手，再送交局长处理。但办公室主任看到此事比较急，当日便把通知送往局长办公室。此时，这位局长正在接电话，看见主任进来后，只是用眼神示意一下，让他将通知放在桌上即可。于是，主任照办了。然而，就在检查小组即将到来的前一天，上级部门来电话告知到达日期并要求安排住宿时，局长才记起此事。

他气冲冲地把办公室主任叫来一顿呵斥，批评他耽误了事。在这种情况下，这位主任深知自己并没有耽误事，真正耽误事情的是局长自己，可他并没有反驳，而是老老实实地接受批评，随后又立即到局长办公室里找出那份通知，加班加点地把所需要的材料备齐。从此，局长愈发看重这位“忍辱负重”的好主任了。

为什么这位办公室主任明明知道这件事不是他的责任，却自愿承担这个“罪名”，背这个“黑锅”呢？很重要的一点就在于，这位主任知道，要以大局为重，人都有疏忽的时候，该包容时包容，包容是一种美德，虽然自己会受到一点损失，挨几句批评，但最终，领导会认识到他的错误以及自己作为下属的忠诚，并对自己给予充分的信任。

因此，即使领导犯了错误，员工也要尊重领导，而不是攻击和责难。如果有的"黑锅"员工"背不起"，甚至有可能影响到员工的前程，必须找领导说清楚的时候，也要采取迂回的策略，这样领导也会比较容易接受。

小语

人都有疏忽的时候，该包容时包容，包容是一种美德。

有则改之，无则加勉

俗话说：“金无足赤，人无完人。”因此，一个人无论多么优秀，在工作中出现差错也是难免的，被领导批评也是理所当然的。

虽然大多数人对领导的批评会心怀不悦，甚至会产生辞职的念头，但是，凡事应该从多个角度进行考虑。员工在“挨骂”这件事上，不妨想一想“上司的职责就是管理下属”，批评也是一种管理的方式。当然批评也应讲究态度，但领导“态度不好”的时候自己要多理解，不能产生“你对我不好，我也对你不好”的心态。而在“挨骂”中成长，也是许多员工成熟的过程。

那么，员工如何才能做到在“挨骂”中成长呢？

首先，要客观地面对批评，坦诚地面对指责。如果领导的批评有道理，员工要善于“利用”批评。也就是说，接受批评才能了解领导的想法，接受批评才能体现对领导的尊重。

对你的职业生涯来说，错误的批评的影响是非常有限的。如果处理得好，反而会成为你的职业发展中的有利因素。可是，如果你不服气、发牢骚，那么这种做法产生的负面效应，足以使你和领导的关系恶化。当领导认为你“经不起批评”或“批评不得”时，也就产生了与批评相伴随的印象——认为你不服从管理，自然就会对你失去信任，更不会重用你。

其次，员工在接受批评时不可当面顶撞领导，这是职场大忌，会使自己和领导都陷入尴尬的境地。如果你在领导发脾气时给了他“面子”，这本身就为以后的工作埋下了伏笔，设下了转机。因此，员工要坦然大度地接受领导批评，而领导在事后也会反思。

再次，员工受到领导批评时，切忌反复纠缠、争辩，希望弄个一清二楚，这是很没有必要的。如果确有冤情、确有误解，可找适当机会说明一下，点到为止；即使领导没有为你“平反昭雪”，也完全不必纠缠不休。斤斤计较的员工，是很让领导头疼的，如果员工的目的仅仅是为了不受批评，当然可以“寸步不让”。可是，一个把领导搞得筋疲力尽的人，又谈何晋升和发展呢？

所以说，勇于接受领导的批评，对员工而言是有益无害的。最关键、最重要的不是“面子”，而是对批评的态度，要认真反思受批评的原因，尽快改正错误，使自己不断进步，在“挨骂”中成长。

“挨骂”是与领导相处时必须练就的一种综合能力。面对领导的批评，要学会宽容、学会正确对待，有则改之、无则加勉，这不只是一种策略，更是一种态度。

小语

勇于接受领导的批评，对员工而言是有益无害的。最关键、最重要的不是“面子”，而是对批评的态度，要认真反思受批评的原因，尽快改正错误，使自己不断进步，在“挨骂”中成长。

下篇

胜在执行

第一章　执行力是成功的基石

一个合格的员工，犹如军人一样，不仅要有服从的意识，顽强的精神，还要有雷厉风行的高效执行力，即保质保量完成预定目标的能力。执行力是一项综合能力，是将命令转化为成果的关键因素。

不找借口，全力执行

一个人能否取得成功，关键不在于其能力是否卓越不凡，也不在于外界环境是否优越，而在于是否竭尽全力，并坚持到底。如果一个人全力以赴，执行到底，即使所从事的只是简单而平凡的工作，同样能取得举世瞩目的成绩。

李嘉诚曾经在自传中写道："最重要的不是学历，而是一颗全力以赴的心。"我们常听到身边有些上了年纪的人感叹说："唉，我这一生什么成就也没有。"是的，人生最大的遗憾与折磨，莫过于青春已逝而事业却毫无成就。有些人年轻时明明有十分的力气，却只使出一分；到了老年，就会饱尝由疏忽、懒惰造成的巨大缺憾。

如果我们能做到不找借口、全力以赴，即使自己的能力并不突出，即使外界条件并不优越，也仍然可以在工作中创造出骄人的业绩。

惠普 CEO 马克·赫德说过："具有强大执行力的人能把事情做成，并且做到他自己认为的最好结果。"一支部队、一个团队，或者是一名战士、一位员工，要完成上级交付的任务，都必须具有高度的执行力。接受了任务就意味着做出了承诺，而实现不了自己的承诺是不应该的，当然更不应该的是找任何借口。

优秀的员工在工作中从不寻找任何借口，他们总是出色地完成领导安排的任务，不找任何借口推脱或延迟，甚至做到超出领导的预期。他们身上所体现出来的是一种负责敬业的精神，一种完美的执行力。

弗兰克是一家企业的老板，他很注重员工个人素质的培养。有一天，他召集了几个平时表现出色的部门主管，对他们说："我有一个新的改革计划，就是把几个部门的内部制度进行融合、调整和更新。在进行这项工作之前，先请你们几位用一个星期的时间到外地的各大企业进行全面考察，然后把你们的所见所闻汇报给我，20 分钟后开始执行！"

弗兰克说完回到办公室，在暗中观察几位主管的动向。有几位主管聚在一起议论纷纷："这么多企业让我们如何调查啊？即使我们去进行调查，老板也不一定按照我们的调查结果而改动原先的计划啊！”

主管们一直犹豫不决，迟迟没有开始行动的意思，只顾抱怨。最后，有一个年轻的主管对其他几位主管说：“时间不早了，我们快点行动吧，反正只有一个星期的时间，出去走一走也算长点见识啊！”

一个星期过去了，主管们都提交了调查报告，但只有那位年轻的主管得到了提拔，被任命为市场部的经理助理。

“我必须挑选不找任何借口完成任务的员工。”弗兰克特意强调说，“每个企业都必须重用不找任何借口、完美执行任务的员工。”

由此可见，在如今竞争激烈的职场中，每一个员工都要以坚强的意志和顽强的信心，去努力超越自我，为自己制订一个合理而高远的目标，奋勇向前，锲而不舍，不抱怨，不畏惧，不退缩，不找任何借口，完美执行。因为工作中没有借口，人生中没有借口，失败没有借口，成功永远属于那些不找借口的人！

小语

如果一个人全力以赴，执行到底，即使所从事的只是简单而平凡的工作，同样能取得举世瞩目的成绩。

不计得失，无怨无悔地执行

易卜生说：“青年时种下什么，老年时就收获什么。”同理，你在职业的土壤中种下什么，职业就会回报给你什么。这就是职场精英心甘情愿认同职业、为职业无悔付出的一个重要原因。

一个人即使没有超人的能力，但只要懂得认同职业，懂得努力将本职工作做好，同样也能获得事业的成功。因为只有认同职业，职业才会认同你；如果你愿意承担成长的责任，那么你就会获得成长的权利；一个员工如果把企业的成长当成自己的责任，那么企业自然会为他创造成长的机会；一个士兵如果把军队当成锻炼自己的熔炉，军队就会让他成为一个合格的军人。所以，如果你以积极的热情和全心全意的努力对待自己的工作，你就会在事业上取得卓越的成就；如果你的行为、你的态度推动了你的工作，工作一定会给予你相应的回报。

下面这则案例就很好地说明了这一道理。

一个年轻人好不容易在建筑工地上找到了一份打杂的工作。他一天的工钱是 3.7 元，只够吃饭，但他还是想尽办法每天省下 1 元钱接济家人。

尽管生活十分艰难，但他知道是工作给了自己生存的基础，于是他怀揣着一份对工作的感恩之情，忠于自己的职业，任劳任怨，在工作中付出了比别人更多的努力。2 个月后，他被提升为材料员，每天的工资加了 1 元钱。

靠着辛勤工作，他初步站稳了脚跟。之后，他就开始思考：要在工作中做出成绩，就要认同工作，成为工地上不可缺少的人。

于是，面对工地上的所有问题，他都抱着一种积极的心态去处理。夜班工友有随地小便的习惯，他想办法鼓励大家文明如厕；一个工友脾气暴躁，喝酒后与承包方发生冲突，他想办法平息矛盾，做到使各方都满意……

这个年轻人从不刻意表现，但他的工作成果领导却看在眼里。慢慢地，他成了领导身边的“红人”。

有一次，领导告诉他，公司目前同时进行多个项目，其中一个项目打算让他来负责。

听到这个消息，他的心情非常激动。他想，公司能为他提供这样的条件，不是最好的创业机会吗？于是，他立刻答应下来，将各项业务推展开来……

如今，他不仅拥有当地最大的建筑队，还是内蒙古最大的畜牧业经营者之一，每年有1万多户农民给他的企业提供玉米、牧草等饲料。

这位创造了奇迹的人叫王东晓，是内蒙古金河集团的董事长。

从王东晓的事例中，我们可以看出认同公司的人也会被公司认同，这是一种双赢的局面。

其实，认同职业也就是认同我们自己，这是一种非常积极的观念，也是一种非常基本的观念，因为职业与个人的利益是相辅相成的。

根据马斯洛的“需求层次”理论，需求的第四个层次就是获得尊重的需要。每个人都希望自己有稳定的社会地位，希望别人承认自己的能力和成就。这种尊重的需要在工作中可以获得满足，当一个人的工作得到别人的认可和高度评价的时候，尊重感会得到满足，会感觉到自豪，从而赢得对自身的认同。

小语

一个员工如果把企业的成长当成自己的责任，那么企业自然会为他创造成长的机会；一个士兵如果把军队当成锻炼自己的熔炉，军队就会让他成为一名合格的军人。

积极工作，敢于担责

在激烈的职场竞争中，怎样才不会成为某一次失业统计数据里的一分子呢？怎样才能在众多同事中脱颖而出，受到领导器重呢？答案就是要比领导更积极主动地工作，敢于负责，不断解决工作中出现的问题。只有这样，你才能在职场上做出一番业绩。

“积极工作，敢于担责”是衡量对工作的忠诚度和执行力的最高标准。当你为自己设定下这个最严格、最高的责任标准时，当你对自己的期望比领导对你的期望更高时，你的职业前景将会充满希望。

工作中有许多散漫粗心、被动做事的人，他们虽然“忠于”自己的领导，但工作不积极主动，领导分配多少做多少，而且粗心大意，常出错误。这样的员工显然不会在工作中有所成就。由此可见，高度的执行力和积极的工作态度是十分重要的。

一位成功学家曾聘用两名年轻女孩当助手，替他拆阅、分类信件。其中一个对待工作虽然“忠心”，却不细心，经常不动脑子，有时拖拖拉拉，成功学家不久便将她辞退。

而对另外一个女孩，成功学家的赞赏之情溢于言表：“她实在太优秀，我简直不知该怎样赞美她。她的工作本是替我拆阅、分类信件，可她所做的绝不仅限于此。她干活又快又好，不需要我监督、催促。她看我经常为给读者回信而花费太多时间，便主动认真研究我的语言风格，替我给读者回信。她的那些回信和我自己写的信一样好，有时甚至更好。她一直坚持这样做，并不在意我是否注意到她。前段时间，我的秘书因故辞职，这个女孩自然就成了我最满意的秘书人选。”

美国文学家及哲学家梭罗说过：“最鼓舞人心的事实，莫过于人能够积极努力工作以提升生命价值。”

当然，要做到积极工作、敢于担责，并不容易。

首先要比领导工作的时间更长。比如，主动寻找机会做更多的工作，增加自己的工作价值。

此外，任何工作都存在改进的可能。如果你在接手某项工作时能主动思考，在领导提出问题之前把解决方案奉上，必然会深得领导的欣赏。因为主动思考、高效执行的下属能减轻领导的精神负担，使他有更多的时间考虑更重要的事情。

成功的机会总是偏爱那些能够积极主动工作、敢于负责做事的人。就算这个人的先天条件不如别人，主动做事、奋发向上的内驱力也能让他争取到较好的成绩。每一个领导都把积极主动、勇于负责的人作为培养对象，并根据他们的表现来奖赏他们。然而有些人却没有意识到这一点，他们自认为聪明、工作能力强，面对领导的命令，他们认为这是领导要利用他们的聪明才智赚钱。即使接下工作，也总是得过且过，从不想着“我怎样才能把工作做得更好”。这类人虽然看似“精明能干”，可由于欠缺积极主动做事的精神，不敢负责任，只能错过一个又一个晋升的机会，个人的发展也无从谈起。

小语

“积极工作，敢于担责”是衡量对工作的忠诚度和执行力的最高标准。当你为自己设定下这个最严格、最高的责任标准时，当你对自己的期望比领导对你的期望更高时，你的职业前景将会充满希望。

成为不可替代的人

如果你能找出更有效、更经济的办事方法，你就能提升自己在领导心目中的地位。领导会邀请你参加公司决策，你也会被调升到更高的职位。因为此时，你已变成一位不可替代的人物。

下面的寓言故事也说明了同样的道理。

两匹马各拉一辆木车。前面的一匹走得很好，而后面的一匹常停下来东张西望，显得心不在焉。

于是，人们就把后一辆车上的货挪到前一辆车上去。等到后面那辆车上的东西都搬完了，后面那匹马便轻快地前进，并且对前面那匹马说："你辛苦吧，流汗吧，你越是努力，人家越是要折磨你，真是个自找苦吃的笨蛋！"

来到车马店的时候，主人说："既然只用一匹马就能拉车，我为什么要养两匹马呢？不如好好地喂养一匹，把另一匹宰掉，还能拿到一张皮。”于是，主人把那匹懒马杀掉了。

领导当然不会把不称职的员工杀掉，但肯定会疏远甚至解雇这样的员工。而剩下的那匹马，表面上看是“自讨苦吃”，但后来却成为主人不可替代的拉车马匹，并受到优待。那匹辛苦的马是明智的、理性的，就像塞内加所说：“只有少数人以明智、理性指导生活，其他人则像湍流中的泳者——他们不确定自己的航程，只是随波逐流。”

同时，那匹拉车马还拥有很强的“执行力”，正是这一因素使它得到了主人的重视。而决定执行力高低的重要因素之一就是工作态度。一个人的工作态度不但会对工作成效有很大影响，而且对于本人的品格也有重要的感染力。工作态度不仅在工作中体现，也是一个人兴趣、理想的表现，观察一个人所做的工作就可如见其人。

无论一个人从事什么职业或在哪个领域工作，决定其成败的关键是他的工作态度，即是否能尽心尽力把工作做到完美。

一个人无论从事哪一项工作，一定要寻找机会，使自己在平常的工作范围之外，多做一些对其他人有价值的工作。当你所付出的比其他人预期要多时，你可能有意想不到的收获。在一个制度完善的企业里，每一个员工的升迁都来自个人的努力，企业经营者的主要任务就是考察哪些人有资格获得奖励和晋升。有实力的员工都有公平竞争的机会，也正因如此，员工才能感觉到自己与企业是一个整体，自己的努力能换来相应的回报。可见，员工和企业经营者是否对立，既取决于员工的心态，也取决于企业经营者的做法。聪明的企业经营者会给员工公平的待遇，而员工也会以自己在工作中的高效执行作为回报。

优秀的人才总是为社会所需要，而你最应该做的，就是以正确的心态做出最优秀的工作，以强大的执行力成为不可替代的人。

小语

一个人无论从事哪一项工作，一定要寻找机会，使自己在平常的工作范围之外，多做一些对其他人有价值的工作。当你所付出的比其他人预期要多时，你可能有意想不到的收获。

做工作中的有心人

我们都听过这样一句话：世上无难事，只怕有心人。但是，在实际工作和生活中，很多人在无意之间向我们灌输了许多“不可能”的思想，这些思想会给我们的心灵“设限”，制约我们潜能的发挥。但是，如果把这种“不可能”从心头抛开，我们就能超越自己，创造奇迹，练就强大的执行力。

我们先来看看郭士纳是如何战胜“不可能”，让 IBM 公司起死回生的。

1992 年底，创立 78 年的 IBM 公司陷入了年均亏损 50 亿美元的境地，公司经营举步维艰，昔日威风八面的“蓝色巨人”变成没人理睬的“乞丐”。GE 的杰克·韦尔奇与 SUN 的专家、高手都拒绝高薪，不愿意去挽救 IBM。后来，IBM 公司费尽力气，终于说服了路易·郭士纳前去执掌 IBM。于是，被媒体描述成“一只脚已经踏进了坟墓”的IBM，迎来了这位对IT行业完全陌生后来却被世人津津乐道的传奇人物郭士纳。

当时很多人知道郭士纳要接管IBM时，都对他抱以怀疑或冷嘲热讽的态度。他们认为：一个靠经营食品公司起家的人，一个对计算机完全外行的人，怎么可能完成这一“挽救”重任呢？

但是，不被大家看好的郭士纳却创造了奇迹。当初年均亏损50亿美元的IBM公司，如今已经变为年销售额高达860亿美元、赢利77亿美元的行业巨头。公司的股票价格增长了800%，市值增长了1800亿美元。这些惊人的数字，就是当初那位计算机行业的“门外汉”路易·郭士纳带领IBM员工们创造出来的，这是给那些怀疑者的最好反击。

郭士纳先生的成功带给我们这样一个启示：世上无难事，只怕有心人。面对困难，只要你勇于尝试，积极寻求解决方案，那么“不可能”也能够变为“可能”。

张小姐从旅游学院毕业后，进入一家著名酒店当接待员。参加工作后不久，她就遇到了一个棘手的问题。

某天，一位来自美国的客人焦急地向值班经理反映：来中国前，他就预订了法国——日本——香港——北京——西安——深圳——新加坡的联票。但是，由于疏忽，一张去西安的机票没有及时确认，预定的航班被香港航空公司取消了。这件事让他焦急万分，因为他到西安是去签订合同的，如不能及时赶到，将造成很大的损失。

酒店的经理当即安排张小姐和另外一位资深接待员解决这一问题。她们一起来到民航售票处，向售票员说明了有关情况，希望她能够帮忙解决这一问题。但售票员的回答是："取消的航班的是香港航空公司，和我们没有关系。"

她们再一次向售票员重申："这是一个很重要的外国客人，如不能及时解决问题会造成很大的损失。"但售票员的回答仍然是："对不起，我也无能为力。"

张小姐问："难道就没有别的办法吗?"

售票员说："如果是重要客人，你们可以去贵宾室试试。"

她们立即赶到贵宾室，但在门口就被拦住了，工作人员要求她们出示贵宾证。这一下她们又"傻眼"了。此时此刻，到哪里去办贵宾证啊!

张小姐不甘心，又向工作人员重申情况，但工作人员还是不同意让她们进去。这时她突然想到一个办法，于是问了一句："假如要买机动票，应该找谁？"

工作人员回答："只能找总经理。不过我劝你们还是别去找了，现在票紧张得很呢！"

碰了这么多次壁，同去的接待员已经灰心丧气了。她想：要找总经理恐怕更没有希望。于是，她拉着张小姐的手说："算了吧，肯定没希望了，还是回去吧，反正我们已经尽力了。"

那一瞬间，张小姐也有点动摇了，但她很快又否定了自己的想法，还是鼓起勇气向总经理办公室走去。见到总经理后，她将事情的来龙去脉又讲述了一遍。总经理听完之后，看着她满是汗水的脸，微微一笑，问："你从事这项工作多长时间了？"

得知她刚刚参加工作，总经理被她认真负责的态度感动了，于是说："我们只有一张机动票了，本来是准备留下来给其他重要客人的。但是，你的敬业精神和对客人负责的态度让我非常感动。这样吧，票就给你了。"

当她把机票送到焦急的客人手上时，客人简直是喜出望外。酒店的总经理知道这件事后，在全体员工面前对她进行了表扬。不久，她被破格提拔为主管。

从张小姐的案例中我们明白了这样一个道理：无论遇到什么样的困难，只要你肯努力，不轻易放弃，总会找到解决的办法。

西方有句名言："一个人的思想决定其命运。"不敢向高难度的工作挑战，是对自己的潜能"画地为牢"，是对职业发展的极大限制。

"职场勇士"与"职场懦夫"，在老板心目中的地位有着天壤之别。一位老板在描述自己心目中的理想员工时说："我们所急需的人才，是有奋斗进取精神、勇于向'不可能完成'的工作挑战的人。"一位优秀员工在谈到自己的成功经验时说："我之所以能有这样的发展，是因为我面对任何问题都愿意找方法解决。如果你希望自己成为公司发展的关键力量，就要丢掉心中的限制，积极找方法攻克工作中一个又一个的挑战，以强大的执行力让自己在职场竞争中立于不败之地。"

小语

世上无难事，只怕有心人。面对困难，只要你勇于尝试，积极寻求解决方案，那么"不可能"也能够变为"可能"。

抓住时机，实现发展

有调查显示，主动工作的人才有机会得到职业的发展，尤其是面对工作中的一个个难题和困境，要根据自身职业发展现状思考应对措施，在挑战中发现并抓住机遇，这才是对待工作的正确态度。具体而言，最重要的是做到下面几点：

①对工作不要发牢骚。

无论多么艰巨的工作任务，都应尽力去做好，不要牢骚满腹，让别人觉得你没有能力应付工作或根本不愿意工作。公司只会重视并提拔那些不辞辛劳、尽心竭力工作的人，如果你没有这样的工作态度，也就不可能取得事业上的成功。

②别让领导等，别让领导催。

任何人都不应忘记领导的时间比你的时间更宝贵，当他交给你一项工作任务时，你必须放下手头的工作，优先完成这项任务。

如果他走近你的办公桌时你正在与别人通话，让领导等待哪怕是短短的十几秒也是对领导不尊重的表现。如果与你通话的是你的客户，当然不能立即终止对话，但你要让领导明白你已知道他在等你，例如给他使个眼色、用口型说出“客户”或写张小便条给他。

③助领导一臂之力。

领导与你探讨企业发展战略的时候，正是你显示才华的最佳时机。如果你能花时间认真思考，提出一些颇有建设性的意见，领导自然会对你另眼相看。如果你采取敷衍或事不关己的态度，就只能错失宝贵的发展机会。

④处事不惊，冷静对待。

处事冷静的人总是会受到领导好评，并得到升职，客户以及其他同事也会对这样的人另眼相看。一个人如果时时能保持镇定，就更有可能解决各种难题，自信心也会增强，晋升的机会自然大增。反之，如果一个人在困难面前总是表现出胆怯和退缩，只会令人对其办事能力失去信心。处事不惊的心理素质使人敢于去处理突发的难题，而处理难题的经验多了，一个人的应变能力便会加强，就会更加处事不惊了。

⑤要有后备计划。

不要以为所有事都能像你想象中那么顺利，对任何事情都应做两手准备。要准备一个随时可以实施的后备计划，这样在遇到变故时就不会手忙脚乱了。此外，当领导要你跟随他出差办公事时，替他想想是否有遗漏的物件或材料，同时也可以考虑一下你们的目标是什么，实施方案是什么，并多准备一些应变的方案供领导参考，这种未雨绸缪的做法可以换来领导对你的赞赏和信任。

⑥学会“亡羊补牢”。

如果你将一个重要的报告交给客户后突然发现了其中的错误，这时你应当快速地查明问题所在并设法补救，比如向客户说清楚或重做报告等。如果抱持“鸵鸟心态”，期望问题自动消失或人为掩盖错误，不仅不能解决问题、挽回损失，反而会使事态进一步恶化，因此这种做法是最不可取的。

⑦在会议中表现自己。

如果情况允许，选择会议室里显眼一点的位置。不要被动等待发言机会，要在适当的时机争取发言。发言时只说有事实根据的重点，省略不必要的枝节，避免说一些过于主观或不切实际的话。

每一个挑战中都暗藏机遇，而机遇和时间一样来去匆匆。如果你不牢牢地将其抓住，那么，它将和时间一起悄然流逝，留给你的只有失败和遗憾。因此，职场中的你应该擦亮眼睛，看准时机并主动把握机遇，甚至在必要时创造机遇，去争取属于自己的成功。

小语

面对工作中的一个个难题和困境，要根据自身职业发展现状思考应对措施，在挑战中发现并抓住机遇，这才是对待工作的正确态度。

第二章　不畏困难，执行到底

要做到高效执行，需要多种品质，比如认真负责、勇于挑战、坚持不懈等等。要想把工作做到完美，需要有工匠精神、工匠心态，即对待工作精雕细琢、精益求精，不放过每一个细节。执行高效、工作完美是一个职场成功人士必备的素质。

命令面前，没有“不可能”

一位解放军老将军曾经说：“命令面前，没有不可能。”每一名解放军指战员在命令面前都只有一个斩钉截铁的声音：“是！保证完成任务！”军人们无论面对多么大的困难和阻力，都会想方设法完成任务，即使遇到挫折也勇于承担责任，而不是找各种借口推脱。正是凭着这种精神，中国人民解放军才成为一支无坚不摧的钢铁之师。

“没有不可能”是高效执行者的处事原则，它强调的是一个人要尽其所能去完成每一项任务，不管遇到多少困难与阻力。命令面前，必须执行到底。

有一群快递员，他们几乎同时进入快递公司，但每个人的发展状况却有所不同。十年前小汤和小杰同为快递员，十年后小汤还是快递员，小杰却成了小汤的上司，这是为什么呢？

“每个人的人生机遇不同，小杰只是比我幸运罢了！”小汤把小杰成功的原因简单归结于运气，这与平时他总是说“不可能”如出一辙。

与小汤相比，小杰的“幸运”其实是自己创造的。他曾经连续派件233天，打破了快递公司的派件记录。他工作非常努力，从来没有把“坏天气”、“交通状况”等作为“不可能完成”的理由，所以老板这样夸奖他：“小杰总能完成那些别人完成不了的任务，从来不会找各种理由搪塞我!”

在工作中，很多人总会为自己不能完成任务找各种借口，甚至为此耗费了大量的时间和精力。殊不知，成功者是不会找借口的，只有那些怕苦怕累、畏惧挑战的人才以“不可能”作为放弃的理由，这是一种懦弱的表现。

NBA巨星乔丹拥有至高无上的荣誉，但是他小时候并未表现出高人一筹的篮球天赋。在一次比赛中，他因为两次投篮失误而输掉了比赛。乔丹垂头丧气地回到家中，输球让他有些灰心。

乔丹对父亲说：“今天手感不好，球风不顺，所以……”

“在我看来手感是可以练出来的!”父亲拍着乔丹的肩膀说：“如果你每天坚持练习投篮1000次，你就不会没有手感了！儿子，别说不可能，努力训练，你会进入NBA的!”

乔丹将信将疑，但他决定按照父亲说的试试看。每次输掉比赛，他都不会为自己开脱责任，而是更加努力地训练。几年后，他考进梦寐以求的篮球名校北卡大学，继续坚持自己的梦想。

1984 年夏天，他以“探花”的身份进入 NBA，加入芝加哥公牛队。进入 NBA 后，他始终听从父亲的教诲，不妥协、不放弃，不为自己找借口……他一直坚持自己的理念，终于走上了篮球巨星之路。

爱说“不可能”和喜欢找借口的人往往有这么几个特点：推卸责任、懒惰、害怕失败。因此，如果你想取得成功，这些弱点是必须克服的。

①推卸责任。

推卸责任是一种极不负责的行为，刚刚就业的大学毕业生秦晓鹏就是因此被辞掉的。

秦晓鹏的家距离工作地点很远，每天不等天亮就要出门上班。在他看来，路途远、堵车就成了他迟到的“理由”。有一次，秦晓鹏一个月内迟到了三次，他被上司叫进了办公室。

“你怎么又迟到了？”

“您有所不知，路上堵车太严重，我也没有办法……对不起！”秦晓鹏还是像过去那样解释。可是他没有发现，家住得比他远、同样有堵车问题的其他同事却没有一个迟到的，而他不仅迟到，还找借口为自己开脱。

“你如果早点出门，还会迟到吗?”上司反问道。

秦晓鹏无话可说，只能惭愧地低下头。秦晓鹏之所以屡屡迟到，表面看是因为他没有养成早起床、早出门的好习惯，但根本原因是对待工作缺乏责任心。他认为自己的种种借口或许会换来上司的理解和同情，没想到借口和侥幸心理阻挡了他的职场发展之路。无奈之下，秦晓鹏只能递交辞职信。

②懒惰。

因为懒惰而找借口的人也很多。迟到是因为“晚起”，无法完成工作任务是因为没有统筹规划、没有合理安排时间，技能不达标是因为工作走神、打瞌睡，出了差错因为有这样那样问题……懒惰的人往往把问题归咎到很多客观原因，却不从自身的态度上找原因。

③害怕失败。

或许有些人曾经历过失败，也饱受失败带来的痛苦，于是失败给他们的心里蒙上了一层阴影。他们害怕失败，害怕再一次被阴影所覆盖，便下意识地选择逃避，以自信心不足、能力不够为借口推脱责任，拒绝接受上司下达的指令。但是，这样做只会导致更大的失败。每个人都渴望成功，但要想取得成功，就必须克服对失败的恐惧，勇敢地迎接挑战。

十几年前，王聪放弃了公务员这样的“金饭碗”，毅然选择了“下海”。王聪回忆：“朋友、家人、妻子都劝我慎重，可是我决心已定，认为只有经商才能实现自己的价值!”

然而事与愿违，王聪的经商之路并没有成功。由于缺乏经商经验和渠道，他赔了许多钱。那时的王聪已经无路可退，只能硬着头皮去深圳一家私企打工。

“我很幸运，遇到了一个好老板!”王聪说。

王聪的老板得知王聪经商失败的遭遇，便给他打气：“我可不止失败过一次!”王聪听了老板的话，积郁已久的烦闷终于得以疏解。他决定重新振作起来，在这家公司实现自己的人生价值。

王聪接别人不敢接的单，做别人不敢做的工作。他想：“难道还有比倾家荡产更严重的吗？如果失败，只不过是再换份工作而已。”于是他每一次接到任务，总会放手一搏，从不瞻前顾后、害怕失败。

事实证明，他的勇气逐渐让他变得更加自信，也使他的潜能得到更充分的发挥。

成功总是留给有勇气的人！如今王聪已经是这家公司的总经理了，而他成功的动力源于他“下海”失败的教训。

我们应当敢于面对困难，敢于挑战别人不敢做的事。事实上失败并不像想象中那么可怕，成功也不像想象中那么困难。

小语

“没有不可能”是高效执行者的处事原则，它强调的是一个人要尽其所能去完成每一项任务，不管遇到多少困难与阻力，命令面前，必须执行到底。

坚决完成任务，保证工作做好

“坚决完成任务”是军人的神圣天职，“保证任务做好”也是军人的庄严承诺。作为职场中人，我们也应该以军人的标准严格要求自己。任务对我们每个人来说不仅是一个目的、一个坐标，而且也是一个不断克服困难的过程。军人接受命令，如果没有完成命令任务，就不是一个合格的称职的军人，企业中的员工也是如此。执行命令、完成任务有时候会是一个艰难的过程，但我们要敢于面对、排除万难、永不放弃。员工从接受命令到贯彻执行，每一个环节都必须做到位，直至圆满完成任务。

当然，我们所说的“坚决完成任务、保证工作做好”，不是机械性的，也不是一种被动行为，而是一种天职，一种大局意识和集体意识的体现。

十几年前，一支联合登山队来到喀喇昆仑山前的一个山坳，他们试图征服有着“K2 峰”之称的世界第二高峰乔戈里峰。当登山队长向众人下达登山指令的时候，所有登山队员都十分兴奋。

其中一名女队员问队长：“这座山比珠峰还要危险吗？”

“是啊，它虽然不及珠峰高，但是征服它却要付出太多的代价，我希望我们不仅要征服它，还要没有损失。”

女队员抬头看了看白雪皑皑、令人神往的“死亡之山”，不禁倒吸了一口凉气。

有人说：“起点与目的地只有一线之隔。”但是要跨越这“一线”谈何容易！

登顶指令下达时，登山队距离“K2 峰”山顶只有 3000 米的高度。但是这 3000 米，才是对他们真正的考验。摆在登山队员眼前的只有一个目标：完成登山壮举！他们翻越了几个巨大的冰原，顺利来到海拔七千米的地方安营扎寨。此时有几名年轻的队员出现了高原反应，这是极其危险的。那名女队员脸色也开始发紫，而此处距离山顶还有 1600 米的高度。

第二天，他们出发了。

这是第二次冲顶，领队的登山队长有着三十年的登山经历，早在五年前就已经征服了全球14座8000米以上的高峰，这是他第二次冲击乔戈里峰！在他看来，只要队员们具有足够的毅力，保持乐观的心态，登山路上能够坚决听从指挥，是不会出现意外的。他看了看女登山队员，鼓励她道："'K2'就像一个脾气暴躁的男人，如果你能够征服他，他就会臣服在你的脚下！"

女队员一路上听从队长指挥，按队长所言调整自己。两天之后的一个清晨，他们终于登顶成功，而她也成为为数不多的征服K2高峰的女性。成功登顶令这名女登山队员名声大噪，后来她成了一名登山队长。

登山如此，工作也是如此，只有出色地完成一个个任务，才是合格的员工。有些人虽然服从命令，但是却因为意志不够坚定、自信心不足导致半途而废，这样也会影响全局。只有每个员工都保证完成任务，企业才能不断发展，员工的个人发展才能得到保证。

工作中，与其说任务是一个"目标"，不如说任务是一道综合素质的"考题"，坚决完成任务、保证做好任务才是最后的成功。

能否坚决完成任务，是考验一个职场人职业综合素养的试金石。在战场上，敢于接受挑战、坚决完成任务的士兵，有可能成为将军；在职场中，不找任何借口、尽职尽责完成任务的员工，才是好员工，才有可能成为管理者甚至老板。

小语

执行命令、完成任务有时候会是一个艰难的过程，但我们要敢于面对、排除万难、永不放弃。员工从接受命令到贯彻执行，每一个环节都必须做到位，直至圆满完成任务。

责任心是执行力的源泉

毛泽东在《论联合政府》中曾说：“这个军队之所以有力量，是因为所有参加这个军队的人，都具有自觉的纪律；他们不是为着少数人的或狭隘集团的私利，而是为着广大人民群众的利益，为着全民族的利益，而结合，而战斗的。紧紧地和中国人民站在一起，全心全意地为中国人民服务，就是这个军队的唯一的宗旨。”解放军从创建伊始，就以一种为人民负责的态度来回报人民的期望。责任心是解放军各级指战员的灵魂，也是解放军发展壮大的力量之源。

责任感是决定一个人的行为取向和行为能力的关键因素，责任感能使人产生积极的行动，而积极的行动又会带来理想的结果。作为一个职场人士，要想提高执行力，必须拥有高度的责任心。

托比奇来到美国找到的第一份工作是餐馆勤杂工，而过去他在克罗地亚可是一名商界精英。托比奇第一天的工作就是刷500多个盘子，这样的工作是他从来没有做过的。

餐馆管理员是一个名叫拉宾斯基的俄罗斯人，他注意到托比奇哀怨的眼神，便安慰他说："你是不是从来没有做过这样的工作？过去我也和你一样，在成为管理员之前我可是干了整整七年这样的工作。刷盘子虽然非常辛苦，也很枯燥，但是想到那些客人能够因此而放心快乐地享受盘中美食，这样的付出是值得的！"

是啊，这虽是一份不起眼的工作，却关乎每一个食客的健康！托比奇似乎领悟到了拉宾斯基的意思：无论做什么样的工作，都要有责任心，要学会享受工作。而且，对于刚刚来到异国的托比奇而言，有这样一份工作远比流浪街头好多了。他脸上的表情渐渐舒缓了一些，继续埋头工作。

一年之后，一场瘟疫席卷了整座城市，许多人患上了肠道疾病，而这种疾病的传播源之一正是餐盘中所滞留的病菌。幸运的是，托比奇所在的餐馆并未收到法院的传票——这就意味着托比奇及其他杂工的工作得到了认可，他们洗过的盘子全部符合卫生标准。因此，托比奇所在的餐馆声名远播，生意变得异常火爆。

后来拉宾斯基向老板推荐托比奇，希望他退休后能让托比奇接替自己的职位。美国老板问道："你为什么向我推荐这个克罗地亚人？"

"他有别人所不具备的责任感。"拉宾斯基解释道。

老板想到自己的餐馆之所以生意火爆，正是因为良好的卫生条件，而这个克罗地亚人兢兢业业的工作态度老板也是看在眼里的。美国老板点点头，同意了拉宾斯基的推荐，任命托比奇为餐馆的卫生管理员。又过了几年，托比奇依靠自己的责任心进一步博得了老板的赏识和信任，从老板手里接管了餐馆，后来他如愿拿到美国"绿卡"，在纽约过上了富人生活。

以高度的责任心对待看似平凡的工作，这是托比奇成功的关键因素。托比奇的成功不是靠运气，而是自己创造的。我们可以看出，责任心不仅仅是一个人对企业、对集体的承诺，同时也是实现自身梦想的必要条件。

责任心是一种态度，这种态度是每个人必备的基本素养。一位哲学家说："人一出生就享有权利，但同时也要承担起相应的义务。"一个人从出生到死亡，先是享受做孩子的权利，后来又被赋予了当父母的义务；一个人进入职场，享受职场带来的物质和精神收获，同样也被赋予一个职场人应尽的义务。一个人要做到在享受权利的同时自觉履行义务，靠的是责任心。一个军人如果没有责任心，在战场上就会打败仗；一个老板如果没有责任心，企业就会垮掉；一个运动员如果没有责任心，就不可能赢得比赛；如果你是一个普通打工者，失去了责任心，你就会丢掉工作。

某钢铁公司曾经出过一次铁水伤人的重大事故，经检查发现，事故原因是操控员接电话时分散了注意力；某矿区曾经出现过冒顶事故，经检查发现，造成事故的原因仅仅是操作员没有将支架放置到指定处；某企业被审计部门审查出严重的账目问题，而问题原因是财务人员出现了漏填款项的疏忽……这些案例清楚地告诉我们，对待工作缺乏责任心会造成多么严重的后果。

工作意味着责任，责任心是最重要的职业操守。美国总统林肯说："每一个人都应该有这样的信念：他人能负的责任，我必能负；他人不能负的责任，我亦能负。"如此，你才能磨炼自己，最终取得成功。敢于负责、敢于担当，尽心尽力地履行自己的义务，是一个老板考验员工的重要标准。责任心强的人，更容易得到老板的赏识与信任。

①责任心强的人，工作更加积极。

一个有责任心的人通常比没有责任心的人主观能动性更强。换句话说，有责任心的人往往工作更加积极努力，缺乏责任心的人则懒惰、不思进取、不愿或者不敢接受工作上的挑战。

②责任心强的人，更加重视细节。

细节决定成败，有责任心的人会更加注重细节，确保每一个环节都不会出现问题。他们不能容忍“千里之堤溃于蚁穴”这类事情的发生，不会因为细节上的失误而影响全局。

③责任心强的人，会想方设法提高自己的能力。

人们常说：“能力有多大，责任就有多大。”责任心强的人，为了实现自己的梦想，会不断地克服困难、努力学习，提高自己各方面的能力，从而更好地适应公司的发展要求，创造更高的效益。

所以，责任心是每个企业员工都应当奉为圭臬的准则，多一份责任心就多一份成功，责任心是成功的助推器。

小语

责任感是决定一个人的行为取向和行为能力的关键因素，责任感能使人产生积极的行动，而积极的行动又会带来理想的结果。作为一个职场人士，要想提高执行力，必须拥有高度的责任心。

执行中每个环节都要尽善尽美

尽管世界上没有绝对完美的事情，但执行任务要近善尽美是每个人都应该拥有的一种追求。

一位外科医生曾经这样说："每当我站在手术台上，战斗就开始了。当我拿起手术刀的那一刻，思考的不仅仅是一场'战斗'的胜利，而且是要将'战斗'损失降到最低。不给病人留下任何后遗症，是一名合格的外科医生的责任。"这一番真挚的话语，将这位医生追求完美的职业精神表现得淋漓尽致。

"事无大小，要做就要做到最好"——许多人都把这句话当作自己的人生格言。凡事精益求精、追求尽善尽美，是一种尊重工作、尊重职业的正确的职场态度。奢侈品之所以能够成为奢侈品，就在于它完美的设计以及高品质的保证；而工匠精神之所以被提倡，就在于其锲而不舍、追求极致的品质。

让·皮尔热内是法国某奢侈品公司的生产线员工。他的工作是将一枚枚看似粗糙的贝壳抛光、打磨成为时尚美丽的纽扣，经他打磨的这样一枚纽扣成品的价格要五欧元，足足是普通纽扣价格的500倍。而赋予纽扣如此神奇价值的，正是让·皮尔热内这样一些人精益求精的工作过程。

让·皮尔热内信奉这样一句话："追求完美的人才能拥有真正的财富与荣誉。"

让·皮尔热内生产的纽扣，成了上流社会趋之若鹜的艺术品、奢侈品。让·皮尔热内工作35年，他细致完美的工作也打动了公司的老板，后来老板奖励给他一枚奖章，以此表达公司对让·皮尔热内的尊敬。可是，让·皮尔热内追求完美的过程是枯燥乏味、不断重复的，然而这也正是考验他是否忠诚、是否有毅力和追求品质的最重要的标准。

世界上没有哪个老板会喜欢马马虎虎、做事轻率的员工。在老板的眼里，做事认真踏实、精益求精的员工才是最有价值的。因为追求完美的人往往对自己的要求会很严格，工作中会注重细节，他们为明天做准备的最好方法就是集中所有的智慧和执行力，把今天的工作做到尽善尽美，这也是他们能拥有美好未来的最重要的原因。

小张经人介绍终于进了一家合资企业做企划，这家公司一直是他所向往的。不过工作了一段时间后，他对公司的好感越来越少。他常对朋友发牢骚说：“没有双休日，节假日也不能正常休息，薪水不高，工作枯燥、压力大，上司还总是板着脸。”总之，在小张眼里，这家公司不再有吸引力，他的工作热情也随之下降。

有一次，公司对企划部下达工作任务，要求企划部针对某课题每人出一份企划书。小张是工商管理专业出身，写企划书自然不成问题。接到要求，小张并没有为这个大显身手的机会而兴奋，而是心想：企划书这东西没有多少实用价值，而且最终决策往往都是老板亲自决定，哪里能轮到自己出主意！于是牢骚满腹的小张并没有把这次的任务当回事，只是从网络上随便找了点文字资料，拼凑出了一份企划书。

与小张不同，小刘工作一直非常努力认真，他把每一次工作任务都当成“技术难关”进行攻克，这次同样如此。在小刘看来，企划书代表着自己的思想和水平，一份企划书相当于一份内容详细的个人简历。小刘不仅查询了大量资料，而且结合公司实际，认认真真做了一份企划书。几天后，小刘被企划部部长叫进了办公室。大家没有想到的是，公司老板在审核企划书的同时也是在考查企划部副部长的人选，而小刘凭借自己完美的企划方案通过了老板的秘密考核。

正是追求完美的职业精神使小刘获得升职机会，而凡事应付的小张注定难以有所作为。

尽善尽美不是不可实现的，那些坚持不懈、积极进取、力求工作完美的人，往往能做到。而那些做事总是不思进取、半途而废、懒懒散散的人永远做不到，因为“幸运女神”只会眷顾那些追求卓越、有理想、积极上进的人。

小语

凡事精益求精、追求尽善尽美，是一种尊重工作、尊重职业的正确的职场态度。

纪律是执行到底的保证

无规矩不成方圆，世界上没有绝对不受约束的事物。星球的运行要遵循轨道，地球上的万物被万有引力所控制，而生物又受到时间、空间、物理、化学等各种条件的影响。世界上没有什么东西是完全自由的，甚至空气也有自己的重量。

对于人而言，除了受自然规律约束之处，还要受到人类社会中的规则和纪律的约束。

纪律是人类社会中维持人与人之间正常关系的法则，是人们必须遵守的一种社会规范。社会中如果没有纪律，犯罪率就会越来越高，继而爆发社会危机；军队中如果没有纪律，战斗力就会下降，就会打败仗；公司中如果没有纪律，员工随意挑战上司权威，无视上司的命令而自作主张，就会导致管理混乱、工作效率下降甚至公司垮台。社会中每个人都需要纪律来约束，服从纪律不仅仅靠强制，更要靠自觉。如果一个人能自觉遵守纪律，加强自我管理，就不会触犯规章制度，就会按照社会和集体的要求规范自己的行为，从而得到认可，这是实现发展的前提。

遵守纪律、加强自律是“适者生存”法则的要求，只有自律性强的人才能最终“修成正果”。因此，遵守纪律也是职场生存之根本。不遵守岗位纪律，擅自违背公司规章制度，受损失的不仅仅是公司和个人，同时也会给整个团队带来负面的影响。

有一个水库阀门管理员，他的工作是看管阀门。这项工作看似简单，但是却有一条严格规定：不准乱动阀门！如有危险情况，请打紧急电话！

有一天天降暴雨，水库里水位急涨。正值夜班的水库管理员听到“嗡嗡”的水声，看到不断上涨的水位，心里很是害怕。情急之下，他竟然把岗位规定忘得一干二净，擅作决定，用力拧开了阀门……洪水顺着闸口冲向河流下游。

悲剧发生了！由于下游某河段并未接到开闸放水的通知，河面上的采砂船遭到了洪水袭击，最终造成三人死亡、三人失踪的惨剧。事后，阀门管理员不但被停职，还受到了法律的惩罚，被关进监狱。

每个公司都有自己的规章制度。遵守公司纪律，是成为一名合格员工的基本要求，也是培养强大执行力的基础。

如果你养成了遵守纪律的习惯，就会自觉地与企业利益保持一致。比如：按时上下班，严格遵守工作行为准则，不做违反职业道德的事情，保质保量地完成任务等。这些行为都是高效执行的表现。

有这样一句话："养成好习惯，成就好人生。"一个人如果养成遵守纪律的习惯，自然就能提高觉悟，增加工作中的主动性，进而游刃有余地干好工作。

一个公司制定纪律，往往是从自身核心利益出发的，也就是说纪律代表了企业利益。一家企业的纪律严明程度与经济效益高低一定是成正比的。如果你进入一家纪律严明的公司，首先要服从公司的规定，遵守公司的制度，这样你才有可能在公司中立足。既然纪律意味着公司利益和企业生存，那么遵守纪律就意味着维护公司利益、为企业的生存和发展贡献自己的一份力量。如此看来，遵守纪律也是一种责任。

大学刚毕业的王敏来到一家公关公司实习。因为王敏的气质、形象一般，所以公司主管要求王敏参加形象培训课程。王敏是一个不爱打扮的人，对形象培训这样的事情并不感兴趣，但迫于压力还是参加了。

一个月过去了，参加完培训的王敏并未真正意识到个人形象对于公关工作的重要性，所以她还是像过去那样打扮：牛仔裤、运动鞋和一件简单的卡通图案T恤。公司有一条规定：拜访客户时一定要穿正装。可是王敏并没有遵从公司规定，一直我行我素。

一天，主管把王敏叫进办公室，对她说："王敏，公司陆陆续续接到几个投诉，都是关于你的，你看看吧！"

王敏一听傻眼了，她心里嘀咕：我一直很努力地工作，为什么还会被投诉？她拿起表格一看，三条投诉全都是因为形象问题。

公关公司制定有关个人形象的规定就是为了树立公司形象、提升公司业绩，而王敏在工作中忽略了公司的这一规定。表面上看是王敏疏忽大意，本质上讲是王敏没有真正认识到遵守纪律的重要性。为此王敏不但受到了批评，还差点丢掉工作。

纪律的本质就是维护公司核心利益，提高员工的职业素养。某数据公司曾经做过一个统计，结果表明89%的老板认为一个好员工的最重要的品质包括以下几个方面：勤奋、有责任感、敢于担当、敬业、服从管理、服从纪律、吃苦耐劳；而93%的老板最反感的下属的行为包括：不遵守纪律和规定、自以为是、懒惰、浮躁。可见纪律在老板心目中的地位。所以，如果你想成为一名具有高执行力的员工，就要从遵守纪律做起。

小语

遵守公司纪律，是成为一名合格员工的基本要求，也是培养强大执行力的基础。

不做“逃兵”，克服畏难情绪

孙立人曾经在美国西点学校攻读军事。西点军校是世界上最著名、最严格的军校，而这所军校有这么一句校训：不做逃兵，克服畏难情绪。

西点军校给孙立人灌输了“不做逃兵，克服畏难情绪”的信念，同时也让孙立人变得更加自信、更富有责任感和使命感。于是他将这样的信念灌输给自己的部下，他的军队在其作用下，变得作风顽强、所向披靡！

“不做逃兵，克服畏难情绪”，不仅仅对于军队有重要的意义，对企业、对集体、对个人而言也是如此。其具体要求包括以下几个方面：

(1)克服一切困难，执行上司的命令。

有些人对待工作缺乏责任心，认为自己只是给老板打工的，并不需要承担什么责任，一遇到困难就往后退、做“逃兵”。这样的人显然不可能在职场上获得成功。

王小慧硕士毕业，在某公司办公室任职。由于在公司里学历最高，她总认为自己是个精英，应该有一个自由施展的平台，但她做事又常常虎头蛇尾，一遇到困难，不是怨天尤人，就是做“逃兵”，把责任推给他人。她的上司曾就此单独找王小慧谈过一次话，但是王小慧并没有把上司的话放在心上，反而觉得委屈。她顶撞上司道：“单位条件不过硬，我也没有办法。”

有一次，上司需要王小慧处理一个很重要的文件，在办公室里却找不到她。王小慧并没有请假，但上司打电话，王小慧却关机了。来到公司后，王小慧处理文件很不认真，上司指出问题并要求修改，王晓慧不去认真思考，反而用一句“改不了”搪塞上司。

不久，上司交给她一封辞退信。因为上司需要的是执行命令、服从管理、勇往直前的人，而不是像王小慧那样浮躁、不服管、自作主张、遇事做“逃兵”的人。

面对上司交代的工作任务，我们必须克服一切困难完成，不做“逃兵”，克服畏难情绪，这样才能在职场中站稳脚跟，稳步发展。

(2)加强纪律性，爱岗敬业。

毛主席说：“加强纪律性，革命无不胜。”“铁的纪律”是军队胜利的保障，而加强个人的纪律性，就是保证工作执行不打折扣，完成任务保质保量。巴顿将军之所以能打胜仗，因为有“铁的纪律”；张瑞敏的海尔之所以能够摘下家电行业的“桂冠”，也是因为海尔有严明的管理纪律。

纪律能规范人，同时也能改变人。纪律让人做事更有条理，让人工作变得更加主动，让人变得更有责任感、做事更沉稳，同时让人更加爱岗敬业，纪律还可以培养人的毅力和恒心，人遵守纪律，将自己的一切行为都置于纪律的规范之下，不仅可以使工作业绩更出色，而且能使自己养成良好的工作习惯，进而获得职场上的成功。

(3)培养良好的职业道德

某公司员工陈某对老板一直颇有微词，他说：“这个老板什么都好，就是太抠门!”言外之意，就是嫌自己工资低、福利差。于是，他想方设法利用职务之便“捞油水”，为自己牟取好处。他不顾公司亏损的风险，疯狂地赚取签单后的“好处费”和“差价”，最终被自己的贪心所害，老板审计时发现了他违反公司规定、损害公司利益的行为，将其开除并告上了法庭。

一个人如果缺乏职业道德，就会缺乏自律精神和责任感，遇到困难就会轻易妥协、放弃，甚至做出危害公司利益的举动。人只有严格自律，坚持以高标准要求自己，才能做到：

①坚守岗位，不做“逃兵”。

军队的第一条纪律就是“坚守阵地、永不退缩”。在面临重大考验时，军人“轻伤不下火线”的意志力是非常值得敬佩和学习的。在工作中，坚守岗位、敢于直面困难，不仅仅是一种意志力，更是一种敬业精神。

某煤矿前几年曾发生透水事故，有八名工人被困在了井下。情况十分危急，需要救援队立刻实施营救。这次营救任务艰巨，并且非常危险。矿长召开动员会，组织了一支二十人的救援队伍。救援队伍中有一名年仅 19 岁的青年小徐，他没有经历过这样的考验，于是问旁边的师傅：“万一我们出事了，怎么办?”

“有领导在，不会出事的!”师傅这样安慰他。

可是小徐还是有些害怕，他紧紧地攥了攥拳头。

旁边的师傅说：“小徐，这是领导的命令，我们必须执行，不能临阵脱逃！况且下面还有几个兄弟等着我们呢，我们不能扔下他们不管!”

经过两天两夜高强度的抢险，救援队终于打通了排水渠道，将困在井下的八名工人救了上来。后来煤矿召开表彰会，矿长高度赞扬了救援队“坚持抢救、不离不弃”的工作作风。小徐在受到褒奖的同时还被提拔为组长。

临阵脱逃、临阵退缩是可耻的，是一种不负责任的表现，是一种缺乏职业道德的行为。遵守纪律，坚守岗位，敢于迎难而上，不做“逃兵”，才是真正敬业的表现。能打胜仗的士兵，都是能够遵守纪律、坚守阵地的士兵，而不是那些临阵脱逃、见利忘义的士兵。同样，能做出出色业绩的员工，也一定是努力克服一切困难、为公司争取最大利益的员工，而不是害怕困难、轻言放弃的员工。

②敢于攻坚，不怕困难。

攻坚在部队中叫“占领山头”，在职场上则是占领技术或者市场的“高地”。科研人员受命研究多年，终于研制出可以填补市场空白的高科技产品；市场销售人员发扬“跑不死”的精神，打通市场渠道，为公司拿下大量订单……“攻坚”考验的不仅仅是一支队伍、一个人的毅力和决心，更是执行力、职业道德和责任感。

职场如战场，战场上有诸多大仗、硬仗，职场上也有无数的困难和障碍，这些障碍和困难不应该成为职业道路上的“拦路虎”，我们应该想方设法克服它、攻破它。敢于攻坚的人，往往是遵守纪律、爱岗敬业的人，就像战争中许多攻坚战都是在“死命令”和“铁血纪律”的作用下取得胜利的，培养攻坚意识也应该从加强纪律性、培养敬业精神做起。

（4）持之以恒，坚持不懈

克服畏难情绪是不容易的，要长期坚持这一精神更是需要极大的勇气，但这是成功的唯一途径。有一句话这样说：人生是一场战斗，最大的敌人就是自己。

《士兵突击》中的许三多在这方面给我们做出了很好的榜样。“钢七连”解散，营房里只有许三多一个人在留守。我们看到的他仍如往常一般，做着一个士兵每天该做的事情：坚持体能锻炼，早晨穿上沙绑腿和沙背心出去跑步；整理内务日日不辍，独守营房半年，竟让仅有一个兵的连队成为全团卫生标兵。这些看似简单的坚持和自律，不是人人都能做到的。许三多在这方面表现出了强大的精神能量，所以他才能成长为“兵王”。他的事迹对身处职场中的我们同样很有启发。

职场对于大多数人是公平的，每个人都要从基层做起。但最终有的人得到了晋升机会，有的人却只能被淘汰。造成这种差异的原因可以用一句西方谚语概括：你怎样对待生活，生活就会怎样对待你！

小语

职场如战场，战场上有诸多大仗、硬仗，职场上也有无数的困难和障碍，这些障碍和困难不应该成为职业道路上的“拦路虎”，我们应该想方设法克服它、攻破它。

细节决定成败

俗话说“千里之堤，溃于蚁穴”，这句话警示人们应重视细节，因为细节决定成败。而细节包括工作过程中细微的、容易被忽略的各个环节。

如果飞机上有一颗螺丝钉没安好就可能影响整架飞机的寿命，甚至造成严重的安全事故。在工作中，一个看似细微的环节可能决定着整件事情的成败。人要想培养强大的执行力，加强对细节的重视是必不可少的。

吉姆是一名电工，通常他都会严格遵守电工的操作规程，在切断电源的情况下进行电路检修，即把安全放在首位，其次才是具体操作。

有一天，一场龙卷风席卷了他所负责的一个村庄。龙卷风破坏力极强，不仅掀翻了许多房屋，村庄内的电力设施也遭到损毁，无法正常运转，村民们不得不点起蜡烛来照明。

该村电力设施的负责人詹姆斯给吉姆打了个电话：“麻烦你来村子里看看，然后把情况汇报给电力公司。”吉姆接到电话后，很快到了村子里。

当他看到村子遭受龙卷风袭击后的惨状时，不免发出感叹。随后他仔细检查了电路，又给受损的地方拍了照片。作为一名经验丰富的电工，他认为电力系统虽然损毁严重，但恢复供电并不是一件难事。

吉姆给詹姆斯打电话说道：“我确信，恢复供电不是一件困难的事，以我手头上的设备完全可以恢复村子里的临时电力供应。”听到吉姆信心十足，詹姆斯十分高兴。村民们更加高兴，他们都希望尽快通电，恢复正常生活。

吉姆先是从另外一条电线上接下一条临时电路，然后又把临时电路接在了遭到破坏的电力设备上。起初，一切运转顺利。村子里近一半的人都享受到了吉姆送来的“光明”。可是没想到，吉姆竟然在维修过程中从数英尺高的地方跌落下来，不省人事。

原来，吉姆忘记断电，因此触电了。他被送到医院进行抢救，虽然保住了生命，却成了重度残疾。吉姆为自己的粗心大意付出了惨重的代价。

许多时候，事故就是这样发生的：不是因为技能差，而是因为思想出了问题。任何人工作时都不能仅凭热情，而必须按要求、按制度去做，认真地对待工作中的每一个细节，确保准确执行，绝不能麻痹大意。

艾瑟顿是一名制表师，对于一名制表师而言，其工作中的每一个细节都决定着一块手表的质量和使用寿命。艾瑟顿每天在工作中与表的细枝末节打交道，已经养成了良好的习惯。他认为，每一个细节都有重要意义。当这些细节都被做到尽善尽美时，他便能感受到成功带来的喜悦。

后来，一家名牌制表厂高薪聘请艾瑟顿，但是被他拒绝了。他说："流水线代表着粗制滥造，唯有独特而细腻的手工才是一门艺术！"他把手工制作的细节看作制表艺术的重要组成部分，认为一块表是由诸多看似微不足道的细节组成的，每一个细节都会影响整体的效果。艾瑟顿勇于创新，热爱学习，后来成了制表业的名匠，他生产的每一块表，都是精心制作而成，他独具匠心的设计和对表的细节的专注，使他的艺术追求在每一块表的每一个细节处理上都得以充分展现，使得每一块表都与众不同。

关注细节是一种职业精神。许多人失败的原因就是忽视细节。而注重细节的人，由于能认真、专注地做好每一件事中每一个环节，成功也就是自然而然的了。

某能源公司员工金某，负责上游煤炭采购工作。当时许多供货商为了销售货物，常常用“服务费”、“回扣”贿赂负责采购的人。

金某认为这是小事，不会造成什么严重后果。而且，现实的经济压力也摆在他面前：买房子要还房贷，薪水少了怎么办？老婆收入低还要买化妆品保养，薪水少了怎么办？孩子学习不好只能花高价上补习班，薪水少了怎么办？父母年事已高，身体不佳，常常住院，薪水少了怎么办？四个“怎么办”难住了金某，也让金某慢慢放松了警惕，将公司纪律抛在脑后。

有一次某供货商在酒桌上听见金某的满嘴牢骚，不失时机地对他说：“金经理，只要你采购我们公司的煤炭，每吨我给你五块钱的回扣。你不用担心，我们公司的煤炭质量好，价格可以和你们的计划采购价一样。”

金某虽然在言辞上半推半就，但是当供货商拿出一叠钞票时，金某竟然收下了。其实他心里明白，这不是小事，是严重违反公司纪律的行为。但是他已经起了贪心，放松了警惕，也放纵了自己。

尝到“好处”之后，金某一发不可收拾。他大胆地与供货商做起了“钱权交易”，只要他经手的煤炭，都要被他“剥一层皮”。金某靠这种手段不但买了高档公寓，而且还给自己买了一辆进口小轿车，后来他竟然偷偷开了一家公司。

金某的行为，引起了老板的注意。就在金某“春风得意”的时候，他收到了公司的辞退信和法院传票。金某为自己的贪婪付出了代价，他所以为的“小事”，毁掉了他的工作甚至整个人生。

细节决定成败，决定一个人在事业的道路上能走多远。有人说一个个细节是成功大道上的一个个“机关”，所以，只有留心这些“机关”，才能稳步前行。我们只有在工作和生活中注重细节，才能集中精力尽善尽美地做好每件事情，稳扎稳打地走向成功。

小语

任何人工作时都不能仅凭热情，而必须按要求、按制度去做，认真地对待工作中的每一个细节，确保准确执行，绝不能麻痹大意。

第三章　强大执行力的提升之道

执行力是成功的基石，是职场中的核心竞争力。强大的执行力是职场人士必备的素质，而执行力的提升是有径可循的。要想提升执行力，既要从思想上和观念上加以认识，又要在具体的实践中加以落实。

时间管理是高效执行之本

浪费时间、工作效率低的员工显然是不受欢迎的。真正做到高效执行的人绝不会浪费一分一秒，他们总是能高效率地利用时间，使每一分每一秒都产生最大的效益。他们永远准时，从不忘记要办的事情；他们总是能够按事先计划，如期甚至提前完成工作；他们每件工作都能完成得很完美。他们也许并没有超出常人的能力，但他们能做到不浪费时间，让时间成为自己实现价值的平台，因为他们总是不遗余力地学习时间管理的技巧与方法。

著名的教育家班杰曾经接到一个年轻人的电话，这个年轻人渴望成功，希望班杰能为他指点迷津。待他说明来意后，班杰和他约好了见面的时间和地点。

当年轻人如期赴约时，不禁被眼前的景象惊呆了——班杰的房门大开着，屋里一片狼藉。这时班杰走出来和他打招呼：“我这里太乱了，请稍等一分钟！”然后关上了门。

过了一分钟，班杰打开门并热情地把年轻人迎进屋里，此时年轻人看到的是一个非常整齐的房间，各种物品摆放得井井有条。当他弄不明白眼前的状况时，班杰将一杯酒递给他：“干杯，年轻人！现在你已经得到答案了吧？”

“可是我还没有向您请教呢！”年轻人很不解。

“难道这还不够吗？”班杰一边指着自己的房间一边说，“你进来又有一分钟了！”

“一分钟！”年轻人若有所思地说，“我懂了，您让我明白了一分钟的价值——一分钟可以做很多的事情！”

常言道“一寸光阴一寸金”。如果你充分地利用每分每秒，它就可以发挥出更大的价值，还会给你带来无限的财富；但如果你不懂得时间的宝贵，虚度光阴，时间最终留给你的只能是失败和悔恨。

美国麻省理工学院曾对3000名公司经理做了调查研究，发现凡是尽职尽责的经理都能做到合理安排时间，最大程度地提高效率。

美国某公司的董事长莱福林就是一个有效利用时间的能手。他每天会在清晨6点之前来到办公室，先是阅读15分钟有关经营管理哲学的书籍，然后便全神贯注地思考最近必须完成的重要工作，以及所需采取的措施。接着他开始考虑这一天的具体工作，而这一环节对他来说是十分重要的。他把这一天内要做的事情一一列在纸上，之后去餐厅与秘书一起吃早饭时，把这些考虑好的事情——小到员工孩子的入学问题，大到公司的经营策略和计划——再仔细思考一番，然后做出决定，由秘书具体执行。

莱福林的时间管理法，极大地提高了他的工作效率，推动了企业整体效益的提高。

时间观念是一个人敬业精神和责任感的最直观的体现。每个人都应当珍惜自己和别人的时间，使时间的价值最大化，让自己更高效地工作。

美国的一位保险销售员自创了“一分钟守则”。他要求客户仅给他一分钟的时间，让他介绍自己的服务项目，一分钟时间到了，他便会自动停止自己的话题，并感谢对方给予他的宝贵时间。

“一分钟到了，我说完了！”这是他在工作时最常说的一句话。

而他严格的时间管理和极高的工作效率，帮助他取得了良好的业绩。

管理学大师德鲁克说：“管理好你的时间，是每个人只要肯做就能做到的事情，也是一个人走向成功的必由之路。”根据许多成功人士的实践经验，专家们总结了一些管理时间、提高效率的方法，以下是可供参考的要点：

①以结果为导向规划时间。

②确定事情的优先次序，按事情的重要程度来安排时间，以求最好的效果。

③把有限的时间首先集中在最重要的事情上，切忌主次不分。

④学会放弃不必要和次要的事。

⑤遵循 80/20 原则，即把精力用在最见成效的 80% 的事情上。

美国企业家威廉·穆尔在为格利登公司销售油漆时，第一个月仅挣了 160 美元。后来他仔细地分析了自己的销售数据，发现他 80% 的收益来自 20% 的客户，但是他却对所有的客户花费了同样的时间。于是他开始把精力集中到最有希望的客户上。很快，他一个月就赚到了 1000 美元。穆尔坚持贯彻这一原则，最终成为该油漆公司的总裁。

时间管理是提高效率的根本，而效率是执行力的核心。追求高效工作、科学地管理时间有助于提升执行力，进而提升工作业绩。

小语

管理好你的时间，是每个人只要肯做就能做到的事情，也是一个人走向成功的必由之路。

不断学习，时时进步

学习的机会不只是在工作中，生活中也有许多值得人们学习的东西。例如与那些在人格、品行、学问、道德等方面胜人一筹的人交往，学习他们的知识、经验、习惯等，就可以吸收到各种对自己有益的养分，对自己的水平、修养也是一种很好的提升，这种提升自然也会反映在工作中。

如果一个人经常与那些品行和能力都在他之上的人在一起，从那些优秀的人的身上学到好的人格品质和优良习惯，借此不断提高自己，就会更快地进步。

20 世纪 80 年代，美国莲花公司在研制“莲花 1—2—3”的基础上，为苹果电脑公司的麦金塔电脑开发软件，并将其命名为“爵士乐”。比尔·盖茨在透彻分析“莲花 1—2—3”的优劣后，提出了一个大胆的决定——超越莲花公司，尽快推出世界上最便捷的电子表格软件。盖茨给该软件取名为“超越”，足见其雄霸市场之心。

在整个设计过程中，盖茨紧盯莲花公司的开发进展，唯恐落后于人。他一再加快“超越”研制的步伐，决心抢在“爵士乐”上市之前，吹响“超越”的“号角”。在全体员工拼命学习、拼命工作的共同努力下，“超越”软件比“爵士乐”整整提前5个星期问世。而这关键的5个星期，决定了两个产品完全不同的命运。

到了1987年，微软的“超越”以89%的市场份额将“爵士乐”远远甩在身后，大大地击败了莲花公司。就这样，微软马不停蹄地加速发展，超越了一个又一个竞争对手，跑在了市场的最前面。盖茨后来说：“如果工作中没有学习和竞争，就不能激发员工的动力、激情和潜力，自然就不可能取得成功。一个没有学习精神的企业是没有希望的。”

在击败莲花公司之后，微软似乎并不满足于现状，取得成功后并没有止步于此，而是开始以自己为假想敌，通过学习对手和研究市场，博采众长，不断研发新产品，不断挑战自我、超越自我，以期保持不败战绩。微软之所以不知疲倦地追求进步，或许是因为每个微软员工头顶上都悬着一把“达摩克利斯之剑”——盖茨的名言：微软离倒闭只差 18 个月。盖茨要求员工不断学习、成长，而他本人也是这样，不断学习、不断挑战自我。微软的员工们都以超强的执行力学习、进步、超越，最终使微软公司成为行业霸主。

人不能狂妄自大，不能以为自己什么都知道，自以为有出色的本领和超群的能力。其实山外有山、人外有人，你总能从你的同事、同行或者竞争对手那里学到新东西。学习可以促使人接触和了解新的事物，也可以提高工作技能，从而在工作中创造佳绩。正如一位企业家所说："知识需要更新，更新了的知识才能形成自己的核心竞争能力。"

2001 年 5 月 20 日，美国一位名叫乔治·赫伯特的推销员成功地把一把斧子推销给了小布什总统。布鲁金斯学会得知这一消息，把刻有"最伟大的推销员"字样的一只金靴子赠予他。

这是自 1975 年该学会的一名学员成功地把一台微型录音机卖给尼克松后，又一位学员获此殊荣。

布鲁金斯学会以培养最杰出的推销员著称于世。该学会有一个传统，在每期学员毕业时，会设计一道最能体现推销员能力的考题，让学员去完成。克林顿当政期间，他们出了这样一个题目：请把一条三角裤推销给现任总统。8 年间，有无数学员为此绞尽脑汁，可是最后都无功而返。克林顿卸任后，布鲁金斯学会把题目换成：请把一把斧子推销给小布什总统。

鉴于之前的失败经历，许多学员知难而退。然而，乔治·赫伯特却做到了别人做不到的事情。赫伯特说："布什总统在得克萨斯州有一个农场，里面种着许多树。我听当地人说布什总统闲暇时会去伐树，我想斧子他会需要，于是我给他写了一封信，信中说：'有一次，我有幸参观你的农场，发现里面长着许多矢菊树，其中有些已经死掉，木质已变得松软。我想你一定需要一把小斧子，但是从你现在的体质来看，一把新斧子显然太轻，因此你需要一把不甚锋利的老斧子。现在我这里正好有一把这样的斧子，很适合砍伐枯树。如果你有兴趣的话，请按这封信所留的地址回复。'结果，小布什总统真的汇来了 15 美元。"

乔治·赫伯特成功后，布鲁金斯学会在表彰他的时候说："'金靴子奖'此前已空缺了 26 年，而乔治之所以成功，是因为他善于学习，敢于迎难而上，不断给自己设定更高的目标，最终战胜和超越了自我。”

学习就是永不止步，不断创新，不断给自己设定更高的目标，战胜和超越自我，这样才能提升自己的执行力，给自己的工作注入新的价值！学习就是不满足于现状，勇于打破常规和思维定式。学习，能让人思维敏捷、敢为人先，取得非凡的成就。

小语

山外有山、人外有人，你总能从你的同事、同行或者竞争对手那里学到新的东西。学习可以促使人接触和了解新的事物，也可以提高工作技能，从而在工作中创造佳绩。

心中有大局，眼中有目标

执行中不能只顾埋头干活，要有把握大局的眼光，要有全局观念。因为人若无大局意识、全局观念，就容易产生自私的思想，忽视团队利益，看似自己能干，实则影响了整体。

工作中，我们必须时刻牢记自己以及集体的工作目标，因为目标就像灯塔，为我们指引工作的方向。我们只有明确了方向，才不至于在工作中走弯路。

每当有人向著名管理大师彼德·德鲁克求证某个行动方案时，他总是不直接回答，而是先问对方的目标是什么、对行动有无想法，然后才发表自己的意见。在彼德·德鲁克看来，行动之前把握全局、明确目标是一件非常重要的事情。很多人领到任务之后只是一味地抱怨工作太难，可是当你问他们面临怎样的局势、要达到怎样的工作效果时，他们却哑口无言，说不出个所以然来，因为他们没有对全局做周全考虑，也没有大局观念。所以当工作遇到困难时，他们不是蛮干，就是放弃。可见，全局意识、大局观念对执行工作极有必要，因为这是保证目标实现的根本。具体地说，在有了可执行的目标时，我们需要注意目标与全局的关系，千万不要忽视这一点。

美国汽车巨头福特曾经特别欣赏一个年轻人的才能，他想帮助这个年轻人实现自己的目标。可这个年轻人说出的目标把福特吓了一跳：原来他的目标是赚到1000亿美元。

福特问他："怎样才能达到目标，你想过吗?"年轻人迟疑了一会儿，说："我也不知道怎样达到。"福特说："赚钱是好事，不过赚钱也要有全局意识，1000亿仅仅是个目标，而目标的实现需要规划和有效的行动。这不是你一个人的事，需要"天时"、"地利"、"人和"几方面都达到要求才行。"

这个年轻人就是一个没有全局观念的人，他把赚钱当作一件容易的事，却没有全盘规划，这种人怎么可能成功?

全局如同一盘棋，每个"棋子"怎样走很关键。如果走每一步时没有全盘考虑，也许一步没走好，就会满盘皆输。

在一个雪天的傍晚，杰克中士匆忙走在回家的路上。路过公园时，他被一个人拦住了。“先生，打扰一下，请问您是一位军人吗？”

这个人看起来很着急。“是的，我能为您做些什么吗？”杰克急忙回答道。

“是这样的，我刚才经过公园门口时，看到一个孩子在哭，我问他为什么不回家，他说他是士兵，在站岗，在接到命令前他不能离开这里。原来他和一群孩子在玩游戏，不过现在和他一起玩儿的那些孩子都不见了，估计是回家了。”这个人说，“我劝这个孩子回家，可是他不走，他说站岗是他的责任，他必须接到命令才能离开。他原来的上级命令他站岗，他必须服从命令，因为他是个士兵。现在只能请您帮忙了。”

杰克心里一震，说：“好的，我马上就过去。”

杰克来到公园门口，看见一个小男孩在哭泣。杰克走了过去，敬了一个军礼，然后说：

“下士先生，我是杰克中士，你站在这里干什么？”

“报告中士先生，我在站岗。”小男孩停止了哭泣，回答说。

“雪下得这么大，天又这么黑，公园也要关门了，你为什么不回家？”杰克问。

“报告中士先生，这是我的责任，我是一名严格遵守命令的士兵，我不能离开这里，因为我还没有接到命令。”小男孩回答。

“那好，我是中士，我命令你现在就回家。你是一名合格的士兵。”

“是，中士先生！”小男孩高兴极了，还向杰克敬了一个不太标准的军礼。

小男孩的举动深深地打动了杰克，后来杰克中士经常给士兵们讲起这个故事。小男孩的倔强和坚持看起来似乎有些幼稚，但他所拥有的大局意识和守信精神却是很多成年人都不具备的。

每个人都需要树立大局观念、全局意识，因为我们不仅要对自己负责，还要对工作、对社会负责。而大局观念是完成自己的工作目标的保证，只有每个人都具备全局意识，集体和社会才能运转得更好。

小语

执行中不能只顾埋头干活，要有把握大局的眼光，要有全局观念。因为若无大局意识、全局观念，就容易产生自私的思想，忽视团队利益，看似自己能干，实则影响了整体。

打破定式，创新执行

人生就是一个不断地在否定中成长、在创造中成长的过程，只有那些在工作中不设限、敢于打破常规的人，才能牢牢抓住让自己走向卓越的机会。创造力是每个人与生俱来的，只要你能不断提升、充分发挥自己的创造力，就会从人群中脱颖而出，做出不平凡的业绩。

某厂从国外引进了一台样机。在仿制生产时，有技术人员发现，样机的底座上有一个螺帽，与其他部件没有任何联系。那么，这样一个螺帽能起什么作用呢？该厂的领导和技术人员无一能够理解。

最后，领导拍板说："既然样机上有这样一个螺帽，想必就有它存在的道理，我们'照葫芦画瓢'就行了。"于是，该厂人员便在本来完好无缺的底座上钻一个孔，然后安上一个螺帽。

不久后，样机的生产商派技术人员进行回访，发现该厂生产的机器底座上都安了一个螺帽，忍不住放声大笑说："样机上的那个螺帽，是因为当时工人生产时不小心钻错了一个孔，为了掩饰这个错误才安了一个螺帽，谁能想到你们竟会如此'照葫芦画瓢'？"

其实这个厂的人也不是不动脑筋，事实上他们也就这个问题进行过多次研究，但他们头脑里已经形成思维定式，即"样品肯定是完全正确的，只要照着做就行了"。这样的定式妨碍了他们的正常思维，因此闹出笑话。

突破思维定式、进行创新思考，这是有责任心的人的工作习惯。要想成为一名出色的员工，一定要养成这种习惯，这样才能激活创新智慧。创新能力的真正来源不仅仅是知识或技术，更是人的责任心。

如今，在以新求胜、以新求发展的社会，一个员工责任心的高下，在很大程度上决定着创新能力的高低，所以，要想把工作做到出色，就必须打破旧有思维的条条框框，把开拓创新当成一种习惯，让创新的智慧帮助自己出色地完成工作。

1972 年，美国民主党大会提名麦高文竞选总统，对手是共和党的尼克松。但后来，麦高文宣布放弃他竞选伙伴、竞选副总统的参议员伊哥顿。在一般人眼里，这只是一个普通的政治决定，但一个16岁的年轻人却从中发现了商机。他立刻以5美分的价格买下了全场5000个已经作废的麦高文和伊哥顿的竞选徽章及贴纸。然后，他以稀有政治纪念品为名，以每个25美元的价格兜售这些产品，小赚了一笔。这个年轻人，就是日后大名鼎鼎的比尔·盖茨。

如果你以为那些创新能力很强的人一定都是绝顶聪明的人，那你就大错特错了。事实上，大部分在事业上取得成功的人，都是凭借着自己的责任心和使命感做出来的。

许多人对麦当劳的创始人雷蒙·克罗克的名字耳熟能详，但实际上，克罗克并不是最先创立麦当劳的人。麦当劳最先由麦当劳兄弟所创立，但是他们未能预见麦当劳的发展潜力，因此他们将麦当劳的概念、品牌以及汉堡等产品，全部卖给了从事销售工作的克罗克。

克罗克以其独特的营销策略，将麦当劳以连锁店的形态推广至全世界，使之变成如今规模数十亿美元的庞大企业。克罗克之所以成功，就在于他比麦当劳兄弟更有创新意识，他抓住了麦当劳兄弟所忽略的商机，改变了旧有的经营模式，创造了自己事业上的辉煌。

创新与突破未必需要艰深的知识和技术，它更有可能来自一个人的创新意识。面对一些看起来很普通的工作，人们只要多去思考，一定能够找到更简单、更容易、更有效率的做事方法，创造出不同凡响的成绩。

小语

突破思维定式、进行创新思考，这是有责任心的人的工作习惯。要想成为一名出色的员工，一定要养成这种习惯，这样才能激活创新智慧。创新能力的真正来源不仅仅是知识或技术，更是人的责任心。

用心捕捉灵感和机会

现今，有些人对经验过分依赖甚至崇拜，这不仅会削弱头脑中的创造力，也容易让人不相信自己的潜力，更有甚者，还会使人成为教条主义的“奴仆”。

而“用心”的人不仅有观察的双眼，还有一个永不“生锈”的大脑，他们注重实效，在他们眼中没有不可打破的常规，他们敢于在行动中挑战经验，用心捕捉灵感和机会，因而能够提升创新力和执行力。下面这个实验可以形象地说明这个道理。

有一位教授拿出一只装满了沙子的大纸盒，一边展示给学生们看，一边说：“这些沙子里掺杂着铁屑，请问你们能不能用眼睛和手指把铁屑挑出来？”大家都摇了摇头。

教授说：“我们无法用眼睛和手指从一堆沙子中间找到铁屑，然而，有一种工具能帮助我们迅速地从沙子中间找到铁屑。这种工具就是磁铁。”

教授从包里掏出一块磁铁，把它放在沙子里搅动着，在磁铁的周围很快地聚满了铁屑。教授把那一团铁屑举给同学们看，说道：“这就是磁铁的魔力，我们用手和眼睛无法做到的事，它却能够轻而易举地做得很好。但只有这种‘魔力’是不够的，磁铁还具有包容性，虚怀若谷地‘接纳’铁屑，这样才吸引了更多的铁屑。”

这个实验可以带给我们许多启发。那堆沙子就像枯燥平淡的生活和工作，沙子中的铁屑是生活中的灵感和机会，而那块磁铁就是人的执行力。有执行力的人能像磁铁那样“吸出”机会，发现和捕捉到成功的灵感。

爱因斯坦说，天才就是1%的灵感加上99%的汗水，而那1%的灵感是很重要的。捕捉灵感，并从灵感中寻求机会，是使人取得成功的重要推动力。

有一个普通的大学毕业生在一家远洋轮船公司做一份又苦又累的维修工作。但他不甘心永远这样下去，他用心捕捉灵感和机会。由于他十分用心，一次又一次地发现机会，最终抓住机会，改变了自己的命运。

有一次，他随船出海，船停在了美国的佛州港湾。那时候，当地的美国人还不太喜欢吃鲜贝，因而捕鱼的船往往留下鱼后，就把那些一起捕捞上来的超大号鲜贝扔掉。可这个年轻人知道，那样大的鲜贝在广州简直可以卖出天价，是极品海鲜！于是，他说服了那些渔民让他把鲜贝带回广州。

一大船的免费鲜贝运回后，当天就被抢购一空。因为这一次的特别“用心”，他赚到了人生“第一桶金”，而且没费一分一毫的本钱。后来，他所在的船只又出海到了墨西哥的某个港湾，那个港湾盛产海马。经过多天的观察，他惊奇地发现，孩子们把海马当玩具互相丢着玩！于是，他又意识到机会来了。他给了那些孩子一些零食，让他们把海马晒干了给他。一大批干海马运回国内，他大赚了一笔。而这次经历更让他意识到，只要多多留心，发财的机会就在眼前。

后来有一次，他们的船只航行到了非洲的一个港口。他和船员们下船后，坐在一棵树下休息。忽然一阵微风吹过，一种红色的树籽“噼噼啪啪”地被吹落到地上。他仔细观察这些“红豆”，玲珑剔透，红润可爱，全是心形。他拿在手上，忽然想到，这些树籽，不就是非洲的“相思豆”吗？于是，他找来了一位当地人，问他收集几麻袋树籽需要多少报酬。那人用奇怪的眼光看着他，摇摇头，意思是说：这不过是些没人要的树籽，你要它们做什么？见他执意要，黑人就说用几袋面粉来换。

他将来自非洲的“相思豆”运到国内，全部加工成手工艺品，果然受到情侣们的热烈欢迎，卖了个好价钱。这一次，他拥有了更大的成功。

后来他决定不再随船出海，而是移民到了美国，在佛州扎根下来，做餐馆和房地产的生意。

当时他很想开中餐馆，但他知道，如果盲目投资，那成功的希望一定渺茫。经过观察，他发现这里亚洲人很少，他的餐馆只能走高档路线，实行低成本、高价格的经营策略。因此他没有和其他中国人一样开中餐馆，而是开了家日本铁板烧。后来他的餐馆做出了品牌，赢得了顾客的认可。

他叫张永年，一个看上去普普通通的美籍华人。如今，他在美国已拥有七家餐饮连锁店。

很多时候，成功不是偶然的。想要改变处境的人，应认真思考，时时用心，处处留意，不断发掘灵感，寻找并把握机会。

小语

“用心”的人不仅有观察的双眼，还有一个永不“生锈”的大脑，他们注重实效，在他们眼中没有不可打破的常规，他们敢于在行动中挑战经验，用心捕捉灵感和机会，因而能够提升创新力和执行力。

强大的执行力源自对工作的激情

工作需要执行力，而强大的执行力来自对工作的激情，激情能使人更有效地完成工作任务。把高效执行当成一种习惯，而第一时间落实工作任务，是每一个职场人都应具备的素质。

在企业中，“高效执行、能打胜仗”是“硬道理”，一个企业要建立一种绩效优先的文化，这样才能激发员工的激情与执行力，造就高效能员工。这样的员工既为企业创造了巨大的效益，也为自己赢得更多的发展空间。

企业中高效能的员工是“老鹰”，低效能的员工更像“鸭子”。“老鹰”型员工不断向工作中的困难挑战，他们饱满的工作热情和强大的执行力，使他们成为企业中不可替代的、最难能可贵的力量。而“鸭子型”员工则不然，他们或许颇有才学，具备种种获得他人赏识的能力，却有一个致命弱点：缺乏对工作的激情和挑战的勇气，只愿循规蹈矩，待在“安全区”内。结果，由于缺乏冲劲，这些人终其一生只能流于平庸。

“老鹰型”员工和“鸭子型”员工实际上分别代表高效执行的优秀员工和得过且过的一般员工。可以想见，这两种类型的员工的工作业绩天差地别。

“鸭子”型员工缺乏工作激情和强大的执行力，常常是踩着点上下班，被动完成被指派的工作，工作遇到困难时缺乏主动性。他们工作的时候，并没有将自己的热情、智慧和创造力最大限度地发挥出来，工作效率低下，成效不明显，不过是在“混日子”罢了。

“老鹰”型员工在工作中，会将自己的智慧、热情、信念、想象和创造力尽可能发掘出来，他们积极主动，越是困难的工作越能激发出他们的能量。而“鸭子”型的员工，往往将自身能量深深地埋藏起来，面对问题，他们更多的是逃避、指责和抱怨。

“老鹰”型员工与“鸭子”型员工，最根本的差异在于对工作有没有激情和责任心。事实上，那些每天早出晚归的人不一定真的在认真工作，那些每天忙忙碌碌的人不一定能高效地完成任务，那些每天按时打卡、准时出现在办公室的人不一定真的尽职尽责……对他们来说，每天的工作可能只是一种生存的需要，他们并没有做到保质保量、尽善尽美地完成工作任务。但对企业和老板而言，他们需要的绝不是循规蹈矩、缺乏工作热情和责任感、不够积极主动、效率低下的员工，他们需要的是执行能力强、对企业忠诚度高、对工作满怀激情的称职员工。

有两个人都想掘井取水，他们拿起铁锹往地下挖，挖到 3 米，地下没水出来；又接着向下挖，5 米下去了，水还是没出来；挖到 8 米，还是没水。两人又苦又累，其中一人支持不住，便对第二个人说："我们挖了这么深还没有水，看来这里肯定没水，我们换个地方去挖吧。"

第二个人说："你去吧，我再坚持一会儿。"于是第一个人换个地方再挖，挖了一会儿，发现没有水，又换个地方再挖，最终没能挖出一点水。而第二个人始终坚持在原地挖井，一直朝着一个方向不停挖，10 米、12 米，挖到 15 米时，地下终于冒出了水。

这个故事生动地说明了执行力的高下与工作成果关系。第一个人缺乏执行到底的勇气和决心，所以在困难面前只能半途而废；

而第二个人具有强大的执行力，所以最终实现了目标。

很多员工认为工作就是“干活挣钱”，其实工作不仅是干什么事和得什么报酬的问题，更是实现个人价值的问题。工作不是为了谋生才去做的事，而是为人生赋予意义的一种方式！

有个小村庄缺少水源，为了解决这个问题，村民决定对外签订一份送水合同，以便每天都能有人把水送到村子里。村民把这份合同同时给了两个愿意接受这份工作的人。其中一个人叫小李，他立刻行动了起来，每日奔波于一里外的湖泊和村庄之间，用两只桶从湖中打水再运回村子，并把打来的水倒在村民们修建的大蓄水池中。每天早晨他都比其他村民起得早，以便当村民需要用水时，蓄水池中已有足够的水供他们使用。由于起早贪黑地工作，小李很快就开始挣钱了。尽管这是一项相当艰苦的工作，但是小李很高兴，因为他能不断地挣钱，他对这份工作感到满意。

另外一个签订合同的人叫小张。自从签订合同后小张就消失了，几个月来，人们一直没有见过小张。这令小李兴奋不已，由于没人与他竞争，他挣到了所有的送水钱。那么小张到哪里去了呢？原来小张很有头脑，他做了一份详细的商业企划书，并凭借这份企划书找到了几个投资者，一起开了一家公司。六个月后，小张带着一个施工队和一笔投资回到了村庄。经过整整一年的时间，小张带领的施工队修建了一条从村庄通往湖泊的大容量的运输管道，彻底解决了村子的用水问题。小李“下岗”了。

这个故事或许能给我们很多启示：究竟什么是高效执行？我们究竟是在拼命地工作还是在聪明地工作，我们是否有长远的发展计划？我们究竟是像小李那样看似勤奋、实则低效地工作，还是像小张那样积极创新、高效执行？

那些高效率工作的人，从来没有停止过对工作的全身心投入。李·雷蒙德曾经说过：“你不但要享受自己的成就，也要享受工作的过程。不管你的工作多么低微，你都必须以满腔热情高效执行。”人要想让自己的工作效率显著提升，首先要全身心地热爱工作，以全部的激情、智慧和创造力对待工作，这样才能练就强大的执行力。

小语

工作需要执行力，而强大的执行力来自对工作的激情，激情能使人更有效地完成工作任务。

拖延是执行力的大敌

拖延的人做事效率低下，不仅影响了工作进度，还阻碍了自身的发展，如同在自己成功的道路上设置了“路障”。

每个人的一天都是24小时，因此，谁能更有效地利用时间，谁就能在工作和学习中取得更大的成绩。而有效利用时间的秘诀就是：抓紧分分秒秒，不拖延。

著名画家达·芬奇同时也是发明家与工程师。他才思敏捷，经常在小本子上写写画画，随时记录下一些脑海中突然闪过的灵感：新型时钟、双身船、飞行器、军事坦克、里程表、降落伞、光学仪器、挪移河流大法仪……这些保存至今的草稿，整整有5000多页。但是这些设计有的想了很多年，有的改了上千次，最终一个都没有实现。传说中达·芬奇的临终遗言是：“告诉我，告诉我，有什么事是完成了的。”

拖延是高效执行的大敌，许多人都有把今天的事情拖到明天去办的习惯，还要为此千方百计地找理由和借口。可是，等待明天而放弃今天的人，是缺乏执行力的人，这些人只能沉溺于幻想而无法将其变成现实，最终只能一事无成。

执行力就是竞争力，一个人只有认真高效地工作，才能做出成绩、获得回报。如果你在工作中偷懒、耍小聪明，做事效率低下，不能及时完成工作任务，那么你就是一个没有执行力的人——换句话说，就是没有竞争力的人，你自己的工作业绩就会受到影响。在职场中最重要的就是以高效的执行力赢得竞争的优势，因为只有高效地工作而不是耍小聪明工作，才能让自己在众多员工中脱颖而出，获得发展机会。

春天的某个早晨，太阳刚刚升起，喜鹊就来到了猫头鹰的家门口，欢快地叫着："猫头鹰先生，快起来，借着早晨明媚的阳光，快练习捕食吧，不要再睡懒觉了。"

猫头鹰睁一只眼闭一只眼，身体一动不动地蜷在窝里，懒懒地说了声："是谁呀？这么早来这里叫！我还没有睡醒呢，还得再睡一会儿。"喜鹊听了这话只好独自练习去了。

中午，喜鹊又来了，看到猫头鹰虽然醒了，但还是在床上躺着。喜鹊刚要说话，猫头鹰抢着说："时间还早，急什么呢？"喜鹊说："已经不早了，都到中午了，你该进行捕食练习了。"可是猫头鹰还是一动不动。

太阳落山之前，喜鹊飞到猫头鹰家，看见猫头鹰刚刚起床洗脸，就对他说："天要黑了，该休息了，你怎么才洗脸啊？"猫头鹰说："这就是我的习惯，晚上饿了才开始捕食。"喜鹊说："这么晚了你还能捕到什么食！"

这时，天已经黑下来了，猫头鹰拍打着翅膀从一棵树上飞到另一棵树上，累得筋疲力尽，什么食物也没捕到，肚子饿得咕咕叫，他也哇哇地乱叫。

当然这只是一则小小的寓言故事，但这个故事生动地告诉我们一个道理：做事不能拖延，拖延是执行力的大敌。古人说过："一寸光阴一寸金，寸金难买寸光阴。"人生最大的悲哀莫过于到生命终结时才想起：该学的没有学，该会的仍不会，该做的没有做，但是过去的时间却再也找不回来了。

拖延使本来可以随手处理的事，拖到几天几周也不能完成；使几天内可以完成的任务，过了几个月仍不见动静。还有的人对工作中需要解决的问题故意“踢皮球”，互相推诿，导致工作效率更低。他们经常给自己找借口说“没有时间”“在忙其他事”，但他们是真的没有时间吗？其实是拖延“拿走”了他们的时间和精力。拖延的原因常常使他们不能克服畏难情绪，对费力气的事或者比较重要而又不好对付的难题采取逃避方式，白白浪费宝贵的工作时间。这是一种必须改掉的习惯，否则就无法提升执行力，甚至很难在职场中立足。

小语

每个人的一天都是24小时，因此，谁更能有效地利用时间，谁就能在工作和学习中取得更大的成绩。而有效利用时间的秘诀就是：抓紧分分秒秒，不拖延。

拒绝空想，切实行动

人在行动之前，是无法未卜先知、预测行动结果的，任何结果都是在行动后出现，因为无论什么样的结果，都是由行动本身造成的。

有一位老农的农田当中横卧着一块大石头。多年以来，这块石头碰断了老农的好几把犁头，还弄坏了他的农耕机。老农对此无可奈何，巨石成了他种田时挥之不去的心病。

一天，在又一把犁头被打坏之后，想到巨石给他带来的无尽麻烦，老农终于下决心弄走巨石，了结这块心病。于是，他找来许多人，拿着许多撬棍伸进巨石底下，撬了两下，却惊讶地发现，石头并没有想象中埋得那么深，稍稍用点力就撬起来了。老农脑海里闪过多年来被巨石困扰的情景，不禁一脸苦笑。

当你勇敢地行动起来时，往往会发现事情并非你想象中那么难。没有行动就没有结果，这是每个人在面对问题时应该牢记的一点，只有这样，你才会鼓起勇气去行动，去面对并克服行动中一切困难。

海尔总裁张瑞敏在一次会议上问了一个问题：怎样才能让石头在水上浮起来？有人说把石头挖空，也有人说给石头绑上木块……对于这些答案，张瑞敏摇了摇头。

这时，有一个员工回答说：只要掷出去就可以——打水漂能让石头浮起来！张瑞敏深表赞同地点点头。原来，张瑞敏想通过这个问题让海尔的员工明白：面对实际问题，必须快速行动。的确，没有行动就没有结果，如果不能将计划付诸行动，无论多么好的计划，都只是一纸空谈。

改革开放初期，海南有一个很有名的公司——海口饮料厂。它之所以有名，是因为它原本已经濒临破产，最后却成为海南当地的“明星公司”。

在王光兴就任海口饮料厂厂长时，这个公司面临的是这样的状况：产品滞销，资金链断裂，生产基本停顿。面对这样的状况，王光兴给产品质检部、研发部以及市场部的员工们下了一个命令：

在15天之内改进主产品的原料结构，使之更加符合当下人们的口味，并做出全国市场分析的详细报告。

这可不是一个简单的任务，而且时间只有短短的15天！面对这样的任务，员工们有两个选择：要么认为这是一个无法完成的任务，直接放弃；要么立即行动起来，认真分析现状，研究配方，调查市场，在此基础上着手制订计划。很显然，海口饮料厂的员工们选择的是后者。

靠着这种高效执行、不畏困难的精神，他们在15天之后做到了王光兴所要求的一切。也正是靠着这样的精神，这个公司在不到3年的时间内，由一个积压了800多吨产品的公司变成了一个年盈利108万元的当地"明星公司"，公司资产较之以前增加了4倍。

后来员工们回忆说："如果当时我们的畏难情绪真的超过了行动的决心，那么我们的公司永远不可能拥有后来的成功。面对困境和艰难的任务，如果不打起精神、立刻行动，那困难就会渐渐磨灭人的决心和意志，使任何美好的计划都化为泡影。"

一家广告公司招聘设计主管，薪水丰厚，求职者众多。经过几轮考核，10位优秀的应聘者脱颖而出，由总经理进行最后一轮面试。总经理指着办公室里两个并排放置的高大铁柜，为应聘者出了考题：请设计一个最佳方案，不借助外援，把里面那个铁柜搬出办公室。

应聘者们望着至少有500多斤的铁柜，先是面面相觑，思考着总经理为什么出此怪题。再看总经理那认真的表情，他们开始仔细地打量那个高大的铁柜。毫无疑问，这是一道非常棘手的难题。

三天后，9位应聘者交上了自己绞尽脑汁设计的方案：杠杆，滑轮，分割……但老总对这些似乎很可行的设计方案根本不在意，只是随手翻翻，便放在了一边。这时，最后一位应聘者两手空空地走进来，她是一个看似很柔弱的女孩，只见她径直走到里面那个铁柜面前，轻轻一拽柜门上的拉手，那个铁柜竟被拉了出来——原来那个柜子是用超轻化工材料做的，只是外面喷涂了一层与其他铁柜一模一样的铁漆，其重量不过几十斤。她将其拆分之后，很轻松地就搬出了办公室。

这时，老总微笑着对众人说："大家都看到了，这位未来的员工设计的方案才是最佳的——因为她懂得再好的设计，最后都要落实到行动上。"

执行力是判别强者和弱者的主要标志，也是决定一个人能否克服困难的主要因素。每个人对事业都有着种种的憧憬、理想和计划，但只有将这一切付诸行动、切实加以执行，才能取得事业上的成就。反之，如果只是沉溺于憧憬、理想与计划而不采取行动，那就只能是空谈家，是行动的“矮子”、理论的“巨人”。

小语

执行力是判别强者和弱者的主要标志，也是决定一个人能否克服困难的主要因素。

主动出击不等待

“守株待兔”的故事大家都耳熟能详，但如果总是等待兔子自己到来，等兔的人只会活活饿死，因为兔子自己撞上来的概率小之又小。所以，人要主动出击，杜绝“守株待兔”心理。

有执行力的人大多是主动出击的人，他们“不等”“不靠”，懂得机遇要靠自己发现、发掘，而消极等待不仅不会使机会垂青自己，反而会导致自己不主动、没有准备而错失机会。

几年前，一位刚从某大学电子工程系毕业的小伙子在一家商场里做营业员，负责小家电产品的促销导购。他渐渐喜欢上了这份工作，从招徕顾客到服务顾客，他都主动积极，在为顾客介绍产品时，也总能讲解得特别专业、细致。如果遇到要试机的顾客，他也会迅速地、不厌其烦地一次次把商品展示给他们看。

每当有新产品上架时，他都要对产品的功能和构造进行研究，甚至还会找出它们功能上的不足，然后根据自己的想法在头脑中努力去完善它们。小伙子时时关注着工作中的每一件事，希望能为自己找到创业的好机会。

有一天，一位顾客走进商场，想购买一款用于净化空气的杀菌机器。小伙子向他推荐当时最畅销的臭氧消毒机，可那位顾客对此并不满意，他希望机器还能具有过滤空气、清除颗粒灰尘的功能，于是小伙子又向他推荐了单独的空气净化机。但顾客又嫌多买一个机器占用空间，而且价格也贵。一番考虑后，顾客什么也没有买，遗憾地走了。

看着顾客离开，小伙子不禁想：如果将多种功能集中在一起，既能避免顾客的不便，还能让厂家降低成本，岂不是双赢？他抓住了这个灵感，开始查找资料。

“我一定要抢先一步研制出这种产品，这样才能抓住创业的机会!”小伙子下定决心。他辞去工作，专心在家研究。经过半年努力，他终于成功地将过滤、清除颗粒灰尘、臭氧消毒这三种技术集中在一起，设计出了具有多重功能的空气清新机，经过空气干燥后的臭氧，纯度更高，杀菌能力也更强。产品技术完善后，小伙子又设计出了更具人性化的样机。之后，他带着样机找到了多家生产小家电的厂商，希望合作生产，但是这些厂商表示先由小伙子付款，他们才肯生产，他们并不愿意承担其中的风险。

虽然遭到了拒绝，但小伙子并没有沮丧，在继续找人合作的同时，他还向国家申请了专利。他觉得暂时的失败并不能说明什么，这个产品将来一定会有非常好的市场。

几个月后，小伙子找到了一家港商投资的公司，但对方提出要等产品有市场反馈时才能投资。产品尚未生产出来，怎样才能看到反馈？小伙子开动脑筋，想到了互联网，于是把自己的样机放到网上“投石问路”。很快，产品在网上有了动静，香港的几家公司和欧盟国家的一些公司都发来邮件询问，美国的一家公司甚至直接要求订购500台这样的机器。这些反馈连小伙子自己都没有想到。他很快找到合作者，第一笔业务就赚到了100多万元。不久他也拥有了自己的公司，在之后的几年里，他又研发出一系列功能和外观都很新颖的机器，在市场上一亮相就受到了诸多客商的青睐，并且都成功申请到了专利。

到目前为止，小伙子的业务已经扩展到了全球22个国家和地区，随着产品不断对外输出、公司不断壮大，他的名声也日益远扬。他就是被业界和媒体称为“空气清新机革命者”的罗光明！

对于自己的成功，罗光明总是这样谦虚地说：“成功其实很简单，当你拥有灵感时，只需要比别人快一步把这个灵感付诸实践，主动出击、寻找机会、果断行动，就可以成就事业。”

主动寻找机会的人，是现代社会所需要的人才。一个优秀的人总是把发现机会的主动权掌握在自己手里，他不会被动地等待别人告诉他应该做什么，而是时刻想着“我应该做什么”，以强大的执行能力迅速行动去完成既定目标。而当一个人开始行动时，其实他已经成功了一半——因为他抓住了机会。

一位从东欧到美国的老人，在曼哈顿的一间餐馆想找点东西吃。他坐在空无一物的餐桌旁，等着有人来为他点菜。但是他等了很久也没有人来，直到有一个女人端着满满的一盘食物过来，坐在他的对面。

老人问女人怎么没有服务员，女人告诉他，这是一家自助餐馆。果然，老人看见有许多食物陈列在台子上。女人告诉他：“你只要挑选你喜欢吃的菜，然后去收银台结账就行了。”

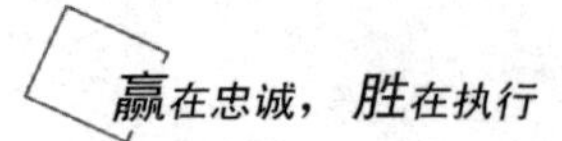

老人很受启发，他突然觉得人生就像一顿自助餐。只要你愿意主动去寻找“食物”，而不是坐享其成，你就可以吃到很多“美味”。但如果你只是一味地等着别人把“食物”拿给你，你就只能眼睁睁地看着别人品尝“美味”而失去了“大饱口福”的机会。

所以，一个人要想享用丰盛的“成功自助餐”，就要靠自己去行动，去主动出击，寻找各种机会。

小语

一个优秀的人总是把发现机会的主动权掌握在自己手里，他不会被动地等待别人告诉他应该做什么，而是时刻想着“我应该做什么”，以强大的执行能力迅速行动去完成既定目标。而当一个人开始行动时，其实他已经成功了一半——因为他抓住了机会。